朱海燕　主　编

姜丽亚　丁晓东　副主编

线性代数课程思政
教学案例集

ZHEJIANG UNIVERSITY PRESS
浙江大学出版社
·杭州·

图书在版编目（CIP）数据

线性代数课程思政教学案例集 / 朱海燕主编. —杭
州：浙江大学出版社，2022.10（2025.1 重印）
　ISBN 978-7-308-22455-0

　Ⅰ.①线… Ⅱ.①朱… Ⅲ.①思想政治教育—教案（教
育）—高等学校 Ⅳ.①G641

中国版本图书馆 CIP 数据核字（2022）第 048797 号

线性代数课程思政教学案例集
XIANXINGDAISHU KECHENGSIZHENG JIAOXUEANLIJI
朱海燕　主　编

责任编辑	王　波	
责任校对	吴昌雷	
封面设计	春天书装	
出版发行	浙江大学出版社	
	（杭州市天目山路 148 号　邮政编码 310007）	
	（网址：http://www.zjupress.com）	
排　版	杭州青翊图文设计有限公司	
印　刷	广东虎彩云印刷有限公司绍兴分公司	
开　本	787mm×1092mm　1/16	
印　张	5.5	
字　数	122 千	
版 印 次	2022 年 10 月第 1 版　2025 年 1 月第 4 次印刷	
书　号	ISBN 978-7-308-22455-0	
定　价	29.00 元	

前　言

　　2016 年 12 月,全国高校思想政治工作会议召开,习近平总书记在会上强调,高校思想政治工作关系高校培养什么样的人、如何培养人以及为谁培养人这个根本问题。要坚持把立德树人作为中心环节,把思想政治工作贯穿教育教学全过程,实现全程育人、全方位育人,努力开创我国高等教育事业发展新局面。他指出,要用好课堂教学这个主渠道,思想政治理论课要坚持在改进中加强,提升思想政治教育亲和力和针对性,满足学生成长发展需求和期待,其他各门课都要守好一段渠、种好责任田,使各类课程与思想政治理论课同向同行,形成协同效应。① 教育部随后也相继制定出台了《高校思想政治工作质量提升工程实施纲要》《教育部关于深化本科教育教学改革全面提高人才培养质量的意见》《高等学校课程思政建设指导纲要》等文件,这些都为高校扎实推进课程思政工作指明了方向,明确了要求,奠定了基础。

　　数学基础课作为几乎覆盖高校全部专业的课程群,具有涉及面广、课时较多、重视度高的特点,数学基础课的课程思政工作是高校课程思政建设实现全覆盖、高质量的应有之义和必然要求。与此同时,数学课程有极强的专业性,其内容多、难度高、较抽象的特点给教学带来相当程度的困难和挑战,而解决好数学知识传授和价值引领的融合问题,对高校课程思政建设具有重要的示范作用。作为从大一阶段就大范围开展的数学基础课,其课程思政工作不仅是高校课程思政的重要组成部分,是全面推进高校课程思政建设的基础环节,更是"全过程"育人的第一阶段。

---

　　① 　人民网.习近平在全国高校思想政治工作会议上强调:把思想政治工作贯穿教育教学全过程开创我国高等教育事业发展新局面[EB/OL].(2016-12-09)[2022-04-15].http://dangjian.people.com.cn/gb/n1/2016/1209/c117092-28936962.html.

但当前数学基础课的课程思政工作还存在着一些亟待解决的问题。比如教师对课程思政认识不清、理解不透，有时错误地将思政课程和课程思政画等号，将弘扬主旋律作为课程思政的唯一内容，将在课堂上增加思政内容作为实施课程思政的唯一方法。比如有时在挖掘课程思政元素时，没有打开思路，找不到合适的思政元素；有时很难将现有的思政元素有效融入相对抽象的数学课程内容的教学中。又如有的课堂教学手法受限于数学内容多而难呈现单一化特点，以讲授式为主的教学场景中，课程思政缺少深耕的土壤。

要解决这些问题，关键在于不断探索与实践。数学课程骨干教师需要形成合力，在做好顶层设计的前提下，从思政元素挖掘到教学大纲修订，从课程思政案例编制到课程思政视频录制，有序推进课程思政建设；在课程思政案例编制的同时修改课件，及时融入思政元素。这种科学设计、有序实施、分步推进的举措以及思政元素挖掘的案例都可成为数学基础课的课程思政实施的范例。这其中，课程思政案例的制作、展示与交流尤为重要。

本书出版的28个课程思政教学案例是浙江工业大学数学专业教师在课程思政教学上的初步探索与实践，覆盖了线性代数课程的绝大部分知识点。在本案例集的编制过程中，编者始终秉持"育人"的基本原则，围绕"专业教育和价值引领"相统一的教学目标，沿着整体设计的思路，贯穿显隐结合、实事求是的理念，以灵活多样的方式，在每个案例的呈现上，首先明确了主要的教学内容，接着给出此教学内容对学生能力培养、思维训练、价值引领等方面所能实现的教学意义，同时列举了案例中的主要思政元素，最后提供了此教学内容巧妙融入思政元素的科学设计。设计思路的主体分成两大块：一是融入思政元素的教学设计，由于该案例集主要目的是为体现思政元素的设计，因此没有展现课堂的所有教学内容，教师可以结合教材自行补充；二是增加了所融入思政元素的边注，提醒教师教学中要有意识地落实。

本书的思政案例不仅是线性代数课程教师落实课程思政的参考，也为教师个性化设计思政元素拓展了思路。比如，教师可以结合时事热点、区域精神、学校特色等内容调整案例、问题、图片等方式适当调整思政元素。此外，该案例集思政元素的设计思路也可复制或推广到其他数学课程,乃至各类理论课程中。

希望此案例集的出版,能在提升教师课程思政工作素养、推进数学课程思政工作体系建设、增强课程思政育人成效上发挥一些作用,能为高校数学课程教学提供一些有益的参考和借鉴。由于时间仓促、水平有限,书中难免还有不当和疏漏之处,恳请同仁和读者批评指正、提出宝贵意见和建议。

在本书编撰成书前后,我们得到了浙江工业大学数学系和教务处的大力支持以及浙江省高校课程思政教学项目、浙江工业大学重点教学改革项目的资助,在此深表谢意! 特别感谢浙江工业大学计伟荣、沈守枫、江颉、陈启华、陈洋洋给予的很多指导和帮助。我们感谢南京大学丁南庆教授、浙江大学盛为民教授、东南大学陈建龙教授、北京航空航天大学杨义川教授以及浙江师范大学杨敏波教授等专家们对本案例集提出的宝贵修改意见。感谢浙江工业大学教务处、浙江省高等学校大学数学课程教学指导委员会、杭州浙大旭日科技开发有限公司等的支持,感谢浙江大学出版社王波编辑对案例集编辑的细心和耐心。没有他们的大力帮助,本书也无法顺利面世。在此向他们表示由衷感谢!

编　者
2022 年 4 月于浙江工业大学

案例一 线性方程组研究的历史简介

教学内容 线性方程组研究的历史简介

教学意义 通过简单介绍线性方程组的研究历史，让学生了解中国古代的数学文明，从而树立学生的文化自信，厚植爱国主义情怀；通过国外教材中对我国古代线性方程组研究的认可和展示，引导学生积极弘扬中国文化；最后通过我国近现代在线性方程组理论研究上的现状与国外水平的对比，引发学生深思，激励学生要树立远大的理想抱负，要有勇攀科学高峰的责任感和使命感。

思政元素 文化自信；爱国主义情怀；理想信念；使命担当

设计思路

简单介绍国内外线性方程组研究的历史

线性方程组在中国的研究历史可以追溯到东汉初年成书的《九章算术》方程章的第一题，书中率先用分离系数的方法表示了线性方程组。

《九章算术》

在国外，德国数学家莱布尼兹大约在1678年首次开始进行线性方程组的研究。

思政内容

激发学生对中国古代数学文明的自豪感，根植爱国主义情怀，宣扬首创精神。

展示著名代数学家P.Gabriel编写的《线性代数》教材

1.9 Kursnachrichten zur historischen Entwicklung

Die älteste Abhandlung über lineare Gleichungssysteme findet man in 'Chiu chang suan shu' (Mathematik in neun Büchern). Nach chinesischen Quellen wurde sie um 160 vor unserer Zeit von Chang Ts'ang, einem ersten Minister des Kaisers von China, nach alten Vorlagen verfasst. Wie heute die Chinesen Chang Ts'ang die Koeffizienten eines Gleichungssystems in einer rechteckigen Tabelle zusammen, die zur Lösung des Systems schrittweise umgeformt wird, so wie wir es in 1.8 vorgeführt haben. Die Methode setzt die Kenntnis negativer Zahlen voraus, die den Gelehrten Chinas geläufig waren[5].

Als erster faßte Leibniz[6] die Koeffizienten eines linearen Gleichungssystems explizit als Glieder einer Doppelfolge auf und markierte sie mit 2 Zahlen (1678). Damit gelang ihm die Untersuchung allgemeiner Systeme mit variablen Koeffizienten. Die Betrachtung variabler Koeffizienten bewertete Leibniz selbst als grossen Fortschritt. Sie führte ihn zur Entdeckung der Determinanten, die wir in Kapitel A3 untersuchen. (Wir selbst haben die Nützlichkeit der Einführung variabler erster Glieder in 1.8 erkannt.)

Die Bezeichnung 'Matrix' für den hier eingeführten Begriff wurde zuerst vom Anglo-Amerikaner Sylvester[7] verwendet (1850). Etwas später wurden Matrizenprodukte und inverse Matrizen vom Engländer Cayley in einer kurzen Note vorgestellt, deren Inhalt ungefähr diesem Kapitel A1 entspricht (1855)[8].

方 *Fang*: Chinesisch für Himmelsgegend, Rechteckseite.
程 *Ch'êng*: Weg, Muster, Regelung.
方 程 *Fang ch'êng*: Rechteckiges Muster.
Algorithmus: Sich an das griechische arithmos anlehnende Fehldeutung des Namens Al Chwarismis, 'des aus Chorism stammenden'.

► Peter Gabriel
Matrizen, Geometrie, Lineare Algebra
《线性代数》

该教材中介绍了线性方程组的研究最早起源于中国，并引用方程的拼音"FangCheng"替换英文教材中的"Equation"。

思政内容

培养学生弘扬中国文化的责任感。

以近代我国线性方程组乃至线性代数理论的空白引发学生的思考

张苍   刘徽   华罗庚

年代 -2C   2C   3C   17C   18C   19C   20C   21C

关孝和   克莱姆   若尔当
莱布尼茨   高斯   弗罗贝尼乌斯
          拉普拉斯   埃尔米特
……   ……   ……

思政内容

鼓励学生为中国成为数学强国而努力奋斗。

国内 DOMESTIC

OVERSEAS 国外

《九章算术》
张苍、耿寿昌
↓
引入线性方程组
并给出消元法

我国在线性方程领域的研究领先欧洲
1600多年的历史。

公元263年
《九章算术注》
刘徽著

著名数学家 Gabriel 引用
"FangCheng" 替换英文教材中
的 "Equation"。

方 *Fang*: Chinesisch für Himmelsgegend, Rechteckseite.
禾呈 *Ch'êng*: Weg, Muster, Regelung.
方禾呈 *Fang ch'êng*: Rechteckiges Muster.

○17世纪
关孝和
克莱姆
莱布尼茨

▶▶ 用行列式求解线性方程组

爱祖国
为祖国的前进而奋斗
是时代赋予我们的
神圣职责
苏步青

○18世纪
高斯
若尔当

▶▶ 用消元法求解线性
方程组

数学是科技发展的根基，让中国的数学
站起来，为强国梦努力奋斗吧！！

○21世纪

案例二　线性方程组概念的引入和介绍

教学内容　线性方程组概念的引入和介绍

教学意义　线性方程组概念可以通过任一相关的实际案例引入。不同的实际案例可以融入不同的思政元素。在此案例中，我们介绍简单的商品经济模型，并通过公平定价商品价值引入线性方程组，从而让学生了解线性方程组的实际应用价值，提升对知识点的认可度和学习的兴趣，并向学生传递公平处事的人生态度。进一步地，该模型即为列昂惕夫（诺贝尔奖获得者）投入—产出模型，可应用于上千万工厂的经济模型，得到庞大的线性方程组。通过这一知识的拓宽，开阔学生的视野，培养学生的数学建模能力和创新精神。

思政元素　公平公正；知识广度；创新精神；抽象思维

设计思路

介绍原始部落三人之间实物交易系统

假设一个原始社会的部落中主要有三种分工：种植、狩猎、手工，并且所有的商品实行物物交换。

▶ 实行物物交换

▲▽

种植者通常把收获的粮食一半留给自己，另一半均分给狩猎者和手工者；狩猎者则把猎物留一半给自己，1/3给种植者，1/6给手工者；手工者把制品平均分给三家；这样就得到了一个实物交易系统。

	种植者	狩猎者	手工者
粮食	×2		
猎物	×2	×3	
制品			

▶ 实物交易系统 ◀

启发学生思考：部落规模不断增大，实物交易系统如何实现

随着部落规模不断增大，实物交易系统逐渐变得复杂

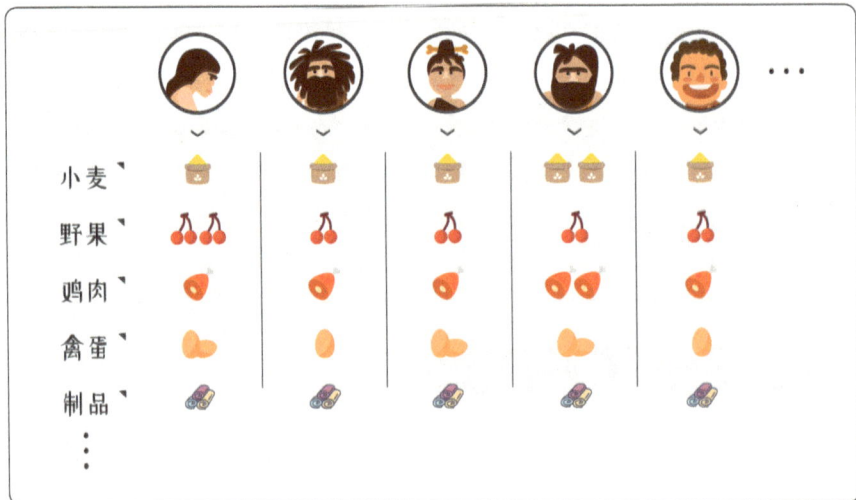

货币系统自然而然代替实物交易系统，即给实物定价

假设这个简单的经济体系没有积累和债务，再设粮食总价值为 x_1，猎物的总价值为 x_2，制品的总价值为 x_3，为公平体现部落的实物交易系统，就得到以下线性方程组：

$$\begin{cases} -\dfrac{1}{2}x_1 + \dfrac{1}{3}x_2 + \dfrac{1}{3}x_3 = 0 \\[2mm] \dfrac{1}{4}x_1 - \dfrac{1}{2}x_2 + \dfrac{1}{3}x_3 = 0 \\[2mm] \dfrac{1}{4}x_1 + \dfrac{1}{6}x_2 - \dfrac{2}{3}x_3 = 0 \end{cases}$$

思政内容

了解实际应用价值，提升对线性方程组学习的兴趣；传递公平处事的人生态度。

引入一般线性方程组

该模型即为封闭式的列昂惕夫投入—产出模型，可应用于上千万工厂的经济模型，得到庞大的线性方程组：

$$\begin{cases} a_{11}x_1 + a_{12}x_2 + \cdots + a_{1n}x_n = b_1 \\ a_{21}x_1 + a_{22}x_2 + \cdots + a_{2n}x_n = b_2 \\ \qquad\qquad\vdots \\ a_{m1}x_1 + a_{m2}x_2 + \cdots + a_{mn}x_n = b_m \end{cases}$$

思政内容

拓宽知识面，升阔视野，培养数学建模能力和创新精神。

介绍线性方程组的概念

定义：含 m 个方程和 n 个未知量的线性方程组的一般形式如下：

$$\begin{cases} a_{11}x_1 + a_{12}x_2 + \cdots + a_{1n}x_n = b_1 \\ a_{21}x_1 + a_{22}x_2 + \cdots + a_{2n}x_n = b_2 \\ \qquad\qquad\qquad\vdots \\ a_{m1}x_1 + a_{m2}x_2 + \cdots + a_{mn}x_n = b_m \end{cases}$$

其中 x_1，x_2，…，x_n 是未知变量，a_{ij}，b_i 都是常数。上式称为 $m \times n$ 线性方程组。

注 | a_{ij} 表示第 i 个方程中第 j 个自变量 x_j 前的系数，

b_i 表示第 i 个方程中等式右边的常数。

思政内容
提高学生的抽象思维能力。

给出思考题

💡 💬 思考

封闭式投入—产出模型所诱导的齐次线性方程组是否必有非零解？

思政内容
培养学生勤于思考的习惯。

案例三　矩阵的概念

教学内容　矩阵的概念

教学意义　矩阵是线性方程组分离变量后得到的一个形式，实现了一个认识上的突破，即用矩阵的语言描述线性方程组。这一突破不仅为实际应用中庞大的线性方程组求解节省了大量存储空间，也为数学开创了一个重要研究对象，更为现代科技提供了一个重要工具。这充分体现了"形式是内容赖以存在和发展的方式"的哲理。

思政元素　认识论；抽象思维；创新意识

设计思路

引入消元法

求解线性方程组 $\begin{cases} y - z = -1 \cdots\cdots ① \\ x - y = 2 \cdots\cdots ② \\ x + y + z = 3 \cdots ③ \end{cases}$

解：由①+②，③+②得

$\begin{cases} x - z = 1 \cdots\cdots ④ \\ x - y = 2 \cdots\cdots ⑤ \\ 2x + z = 5 \cdots ⑥ \end{cases}$ $\xrightarrow{④+⑥}$ $\begin{cases} 3x = 6 \\ x - y = 2 \\ 2x + z = 5 \end{cases}$ $\Rightarrow$ $\begin{cases} x = 2 \\ y = 0 \\ z = 1 \end{cases}$

分析消元法

🔔 是否有的信息可以不写？ ▶▶▶▶

系数 必须有，可以省略 **未知元** **运算符**

$\begin{cases} y - z = -1 \\ x - y = 2 \\ x + y + z = 3 \end{cases}$ $\Rightarrow$ $\begin{cases} x - z = 1 \\ x - y = 2 \\ 2x + z = 5 \end{cases}$ $\Rightarrow$ $\begin{cases} 3x = 6 \\ x - y = 2 \\ 2x + z = 5 \end{cases}$ $\Rightarrow$ $\begin{cases} x = 2 \\ y = 0 \\ z = 1 \end{cases}$

思政内容

展现分析、综合的科学方法，培养学生创新思维。

系　数			常数
0	1	−1	−1
1	−1	0	2
1	1	1	3

系　数			常数
1	0	−1	1
1	−1	0	2
1	0	1	5

系　数			常数
3	0	0	6
1	−1	0	2
2	0	1	5

系　数			常数
1	0	0	2
0	1	0	0
0	0	1	0

总结 对方程组做变换，其实只需将对应数表做变换即可。

思政内容

体现了形式和内容的辩证关系。

引入矩阵的概念

> **定义** ▸▸▸▸▸
>
> 一个矩形的数阵。
>
> 一个 m 行 n 列的矩形数阵称为 $m \times n$ 矩阵。
>
> ▶ 矩阵的一般表示
>
> $(1, n)$ 元
>
> $$A_{m \times n} = \begin{bmatrix} a_{11} & a_{12} & \cdots & a_{1n} \\ a_{21} & a_{22} & \cdots & a_{2n} \\ \vdots & \vdots & & \vdots \\ a_{m1} & a_{m2} & \cdots & a_{mn} \end{bmatrix} m \text{行}$$
>
> n 列
>
> $m \times n$ 矩阵
>
> 简单记作 $A_{m \times n} = \left(a_{ij}\right)_{m \times n}$，或 $A = \left(a_{ij}\right)$，或 $\boldsymbol{A}$。

思政内容
培养学生的抽象思维能力。

引入系数矩阵和增广矩阵

$$\text{线性方程组} \begin{cases} a_{11}x_1 + a_{12}x_2 + \cdots + a_{1n}x_n = b_1 \\ a_{21}x_1 + a_{22}x_2 + \cdots + a_{2n}x_n = b_2 \\ \vdots \\ a_{m1}x_1 + a_{m2}x_2 + \cdots + a_{mn}x_n = b_m \end{cases}$$

⇓ 诱导出两个矩阵 ⇓

系数矩阵

$$\begin{bmatrix} a_{11} & a_{12} & \cdots & a_{1n} \\ a_{21} & a_{22} & \cdots & a_{2n} \\ \vdots & \vdots & & \vdots \\ a_{m1} & a_{m2} & \cdots & a_{mn} \end{bmatrix}$$

增广矩阵

$$\left[\begin{array}{cccc|c} a_{11} & a_{12} & \cdots & a_{1n} & b_1 \\ a_{21} & a_{22} & \cdots & a_{2n} & b_2 \\ \vdots & \vdots & & \vdots & \vdots \\ a_{m1} & a_{m2} & \cdots & a_{mn} & b_m \end{array} \right]$$

案例四 行阶梯形

教学内容 行阶梯形

教学意义 由于矩阵的主要理论体系是由西方构建的，因此，张苍-高斯消元法在国内外众多《线性代数》教材中只被简单称作"高斯消元法"。通过此案例激发学生对中国古代数学文明的自豪感，根植爱国主义情怀，宣扬首创精神，培养学生不断探索的科学精神。"行阶梯形"这一概念就是在运用矩阵求解线性方程组后的大量感性认识的基础上抽象出来的，并且不同的教材在行阶梯形的定义上会有形式上的差异，从而体现了概念是主观性和客观性、灵活性和确定性、抽象性和具体性的对立统一。

思政元素 民族自豪感；辩证思维；辩证关系

设计思路：

介绍我国古代消元法

《九章算术》第八章"方程术"给出问题：

"今有上禾三秉，中禾二秉，下禾一秉，实三十九斗；上禾二秉，中禾三秉，下禾一秉，实三十四斗；上禾一秉，中禾二秉，下禾三秉，实二十六斗；问上、中、下禾实一秉各几何？"

接着，用分离系数的方法表示了线性方程组，即下图的数表——矩阵，方法就是消元法。

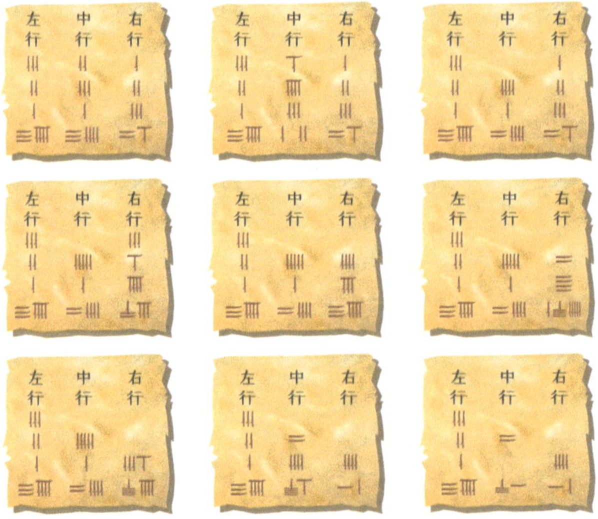

思政内容

增强学生的民族自豪感。

这种方法就是"高斯消元法"。虽然我国很早就采用了矩阵形式，却没有深入研究，也缺少了大量应用，因此没有得到进一步发展。

该例子在英文教材中的展示。

▶ EXAMPLE 3 **China (A.D. 263)**

The most important treatise in the history of Chinese mathematics is the Chiu Chang Suan Shu, or "The Nine Chapters of the Mathematical Art." This treatise, which is a collection of 246 problems and their solutions, was assembled in its final form by Liu Hui in A.D. 263. Its contents, however, go back to at least the beginning of the Han dynasty in the second century B.C. The eighth of its nine chapters, entitled "The Way of Calculating by Arrays," contains 18 word problems that lead to linear systems in three to six unknowns. The general solution procedure described is almost identical to the Gaussian elimination technique developed in Europe in the nineteenth century by Carl Friedrich Gauss (see page 15). The first problem in the eighth chapter is the following:

There are three classes of corn, of which three bundles of the first class, two of the second, and one of the third make 39 measures. Two of the first, three of the second, and one of the third make 34 measures. And one of the first, two of the second, and three of the third make 26 measures. How many measures of grain are contained in one bundle of each class?

	张苍·高斯消元法	一般消元法
原则	按序依次消元	观察寻找最"容易"消去的元或一次能消多个元的方式
缺点	人工计算时计算量比一般消元法大	① 计算机计算时在寻找最优方式时需增加很多工作量 ② 在理论证明中，对于抽象的系数，不存在"容易"消去的未知元
优点	适用于计算机编程和理论证明	对具体线性方程组人工计算时会适当减少计算量

张苍-高斯消元法虽然相当机械，缺少灵动性，但它适用于计算机编程和理论证明，因此《线性代数》中主要采用张苍-高斯消元法解决问题。

分析张苍·高斯消元法

求解线性方程组
$$\begin{cases} y - z = -1 & \text{……①} \\ x - y = 2 & \text{……②} \\ x + y + z = 3 & \text{…③} \end{cases}$$

解 增广矩阵

6个不同的矩阵确定6个有相同解的线性方程组

$$\begin{bmatrix} 0 & 1 & -1 & -1 \\ 1 & -1 & 0 & 2 \\ 1 & 1 & 1 & 3 \end{bmatrix} \Rightarrow \begin{bmatrix} 1 & -1 & 0 & 2 \\ 0 & 1 & -1 & -1 \\ 1 & 1 & 1 & 3 \end{bmatrix} \Rightarrow \begin{bmatrix} 1 & -1 & 0 & 2 \\ 0 & 1 & -1 & -1 \\ 0 & 2 & 1 & 1 \end{bmatrix}$$

$$\Rightarrow \begin{bmatrix} 1 & -1 & 0 & 2 \\ 0 & 1 & -1 & -1 \\ 0 & 0 & 3 & 3 \end{bmatrix} \Rightarrow \begin{bmatrix} 1 & -1 & 0 & 2 \\ 0 & 1 & -1 & -1 \\ 0 & 0 & 1 & 1 \end{bmatrix} \Rightarrow \begin{bmatrix} 1 & 0 & 0 & 2 \\ 0 & 1 & 0 & 0 \\ 0 & 0 & 1 & 1 \end{bmatrix}$$

思政内容
形式是内容的外部表现，内容是形式的内部实质。

若将第三个方程 y 的系数改成 -2，方程则有无穷多解

$$\begin{bmatrix} 0 & 1 & -1 & -1 \\ 1 & -1 & 0 & 2 \\ 1 & -2 & 1 & 3 \end{bmatrix} \Rightarrow \begin{bmatrix} 1 & -1 & 0 & 2 \\ 0 & 1 & -1 & -1 \\ 1 & -2 & 1 & 3 \end{bmatrix} \Rightarrow \begin{bmatrix} 1 & -1 & 0 & 2 \\ 0 & 1 & -1 & -1 \\ 0 & -1 & 1 & 1 \end{bmatrix}$$

$$\Rightarrow \begin{bmatrix} 1 & -1 & 0 & 2 \\ 0 & 1 & -1 & -1 \\ 0 & 0 & 0 & 0 \end{bmatrix} \Rightarrow \begin{bmatrix} 1 & 0 & -1 & 1 \\ 0 & 1 & -1 & -1 \\ 0 & 0 & 0 & 0 \end{bmatrix}$$

思政内容
部分影响整体。

分析

求解过程中主要对线性方程组的增广矩阵用到以下三种行变换：

○ 交换两行；

○ 把某一行的倍数加到另一行上；

○ 某一行乘以一个非零常数。

然后最终把矩阵变成"行阶梯形"。

引入矩阵初等行变换和行阶梯形的概念

定义 ·····

○ 交换两行；

○ 把某一行的倍数加到另一行上；

○ 某一行乘以一个 非零 常数。 ▶ ② 思考

为什么要"非零"？

定义以上三种变换为初等行变换。

定义 · · · · ·

○ 每一个非零行的第一个非零元都是1；
    (首元)
○ 非零行的首元的列指标随行指标增大而严格增大；
○ 元素全为0的行在非零行的下方（若有零行）。
    (零行)

若一个矩阵满足以上条件，
则称其为行阶梯形矩阵。

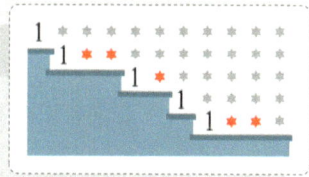

思政内容
体现概念抽象性和具体性的对立统一。

思政内容
体现数学的简洁美。

分析行阶梯形矩阵与线性方程组解的情况

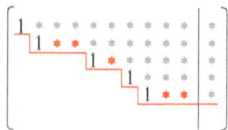

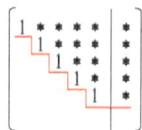

无解　　　　　　　无穷多解　　　　　　　唯一解

虽然有的教材不一定有首元为1的要求，但不影响行阶梯形的应用。

思政内容
体现概念主观性和客观性、灵活性和确定性的对立统一。

案例五　矩阵可逆的概念

教学内容　矩阵可逆的概念

教学意义　辩证法是研究对象自身的矛盾，矛盾的普遍性决定了矩阵中的矛盾关系是无处不在的。矩阵可逆和不可逆这对关系体现了矛盾对立面相互依赖、相互转化、相互排斥的统一性和斗争性。随着研究的深入，可逆和不可逆这对矛盾的斗争性表现为"行列式"这个数是零还是非零的矛盾。此外，此案例还蕴含了"矛盾是事物发展的动力"的哲理思想和严谨仔细的科学研究态度。

思政元素　辩证关系；科学方法；科学态度；激发兴趣

设计思路

介绍希尔密码

🔍 **希尔密码** ▶▶▶▶

将A, B, C等26个字母分别对应0, 1, 2等26个数。

▶ **思政内容**
拓宽知识面，增加学习兴趣。

🔒 加密过程：

$$\begin{bmatrix} b \\ c \\ d \end{bmatrix} \Rightarrow \begin{bmatrix} 1 \\ 2 \\ 3 \end{bmatrix} \xrightarrow{\begin{bmatrix} 1 & 1 & -1 \\ 1 & 0 & 1 \\ 1 & 1 & 0 \end{bmatrix}} \begin{bmatrix} 0 \\ 4 \\ 3 \end{bmatrix} \Rightarrow \begin{bmatrix} a \\ e \\ d \end{bmatrix}$$

🔍 解密过程：

$$\begin{bmatrix} a \\ e \\ d \end{bmatrix} \Rightarrow \begin{bmatrix} 0 \\ 4 \\ 3 \end{bmatrix} \xrightarrow{\begin{bmatrix} 3 & 1 & -3 \\ -1 & -1 & 2 \\ -1 & 0 & 1 \end{bmatrix}} \begin{bmatrix} 1 \\ 2 \\ 3 \end{bmatrix} \Rightarrow \begin{bmatrix} b \\ c \\ d \end{bmatrix}$$

可逆矩阵引入

整个加密解密过程可抽象为：

🔒 x 👁 ⇒ 🔒 Ax ✂ ⇒ 🔒 $BAx=x$ 👁

明文　　　　密文　　　　明文

即，对于密钥矩阵 A，寻找矩阵 B，使得 $BA=I$。一般地：

▶ **思政内容**
培养学生不断探索的精神。

💡 **思考**
密钥矩阵是否可以为非方阵？
　○是　○否

定义 ▸ ▸ ▸ ▸ ▸

设A是n阶方阵，若存在n阶方阵B，使得

$$AB = I = BA$$

则称A是可逆矩阵或非奇异矩阵，B是A的一个逆矩阵。

★ 不可逆的方阵通常称为**奇异矩阵**。

思政内容

可逆和不可逆（奇异和非奇异）是一对矛盾关系。

加深对定义的理解

思考

① 如何判断矩阵可逆？

② $AB=I$和$BA=I$是否一个条件足矣？

③ 非方阵是否可以定义逆？

思政内容

提升学生科学思考问题的能力，并为后续内容埋下伏笔，提高学习积极性。

给出2阶方阵可逆的判断方法

例 • • • • •

设2阶矩阵$A = \begin{pmatrix} a & b \\ c & d \end{pmatrix}$，求证：

① 若$ad-bc \neq 0$，则A可逆，且有

$$\begin{pmatrix} a & b \\ c & d \end{pmatrix}^{-1} = \frac{1}{ad-bc} \begin{pmatrix} d & -b \\ -c & a \end{pmatrix}$$

② 若$ad-bc = 0$，则A奇异。

• • • • •

$\begin{pmatrix} 1 & 1 \\ 1 & 1 \end{pmatrix}$ ——— 奇异

$\begin{pmatrix} 1 & 1 \\ 1 & 0.999 \end{pmatrix}$ ——— 非奇异

实际问题中，微小的误差会引起完全不同的结果。因此，我们要尽可能仔细，减少误差。

思政内容

传递严谨细致的科学态度和矛盾关系可相互转化的辩证思想。

启发思考

其次，在误差无法避免的情况下，我们是否有科学的办法来控制误差的积累？

案例六 初等矩阵的概念及应用

教学内容 初等矩阵的概念及应用

教学意义 初等变换是研究线性方程组的重要工具，初等矩阵是描述初等变换的数学语言。因此，依托初等矩阵，不仅能简明、准确、严谨地表达初等变换的数学思想，而且能更清晰地揭示初等变换、可逆矩阵、矩阵等价等概念之间的各种逻辑关系和本质联系。通过此案例，提高学生对数学简洁美的欣赏能力、抽象思维和逻辑思维能力，训练学生归纳演绎、分析总结等科学方法的运用能力，培养学生积极思考、不断探索的科学精神。

思政元素 数学思想；科学方法；认识论

设计思路

初等矩阵定义

定义 ······

对一个单位矩阵 I 只进行<u>一次</u>初等行（或列）变换后所得到的矩阵称为初等矩阵。

💬 **提问** 定义中有哪几个关键词？

✅ 根据学生回答罗列关键词

单位矩阵　一次　初等行（列）变换　······

◈ 根据关键词判断下列矩阵是否为初等矩阵。

$$\begin{pmatrix} 1 & 0 & 0 \\ 0 & 1 & 0 \\ 0 & 0 & 1 \end{pmatrix} \quad \begin{pmatrix} 0 & 0 & 1 \\ 0 & 1 & 0 \\ 1 & 0 & 0 \end{pmatrix} \quad \begin{pmatrix} 0 & 0 & 0 & 1 \\ 0 & 0 & 1 & 0 \\ 0 & 1 & 0 & 0 \\ 1 & 0 & 0 & 0 \end{pmatrix} \quad \begin{pmatrix} 1 & 0 & 0 \\ 0 & 1 & -1 \\ 0 & 0 & 0 \end{pmatrix}$$

💬 再次让学生思考定义中"<u>一次</u>"的原因，带着问题学习后续内容。

> **思政内容**
> 揭示概念抽象性和具体性的对立统一，培养学生的辩证思维。

> **思政内容**
> 鼓励学生不断探索，为后续学习内容作铺垫。

初等矩阵和初等变换的关系

分析初等矩阵左右相乘的例子

$$A = \begin{pmatrix} a_{11} & a_{12} & a_{13} \\ a_{21} & a_{22} & a_{23} \\ a_{31} & a_{32} & a_{33} \end{pmatrix} \quad E_1 = \begin{pmatrix} 0 & 0 & 1 \\ 0 & 1 & 0 \\ 1 & 0 & 0 \end{pmatrix} \quad E_2 = \begin{pmatrix} 1 & 0 & 0 \\ 0 & 1 & 0 \\ 0 & 0 & 3 \end{pmatrix} \quad E_3 = \begin{pmatrix} 1 & 0 & 0 \\ 0 & 1 & 0 \\ 3 & 0 & 1 \end{pmatrix}$$

则有：

$$E_1 A = \begin{pmatrix} a_{31} & a_{32} & a_{33} \\ a_{21} & a_{22} & a_{23} \\ a_{11} & a_{12} & a_{13} \end{pmatrix} \quad E_2 A = \begin{pmatrix} a_{11} & a_{12} & a_{13} \\ a_{21} & a_{22} & a_{23} \\ 3a_{31} & 3a_{32} & 3a_{33} \end{pmatrix}$$

$$E_3 A = \begin{pmatrix} a_{11} & a_{12} & a_{13} \\ a_{21} & a_{22} & a_{23} \\ a_{31}+3a_{11} & a_{32}+3a_{12} & a_{33}+3a_{13} \end{pmatrix} \quad AE_1 = \begin{pmatrix} a_{13} & a_{12} & a_{11} \\ a_{23} & a_{22} & a_{21} \\ a_{33} & a_{32} & a_{31} \end{pmatrix}$$

$$AE_2 = \begin{pmatrix} a_{11} & a_{12} & 3a_{13} \\ a_{21} & a_{22} & 3a_{23} \\ a_{31} & a_{32} & 3a_{33} \end{pmatrix} \quad AE_3 = \begin{pmatrix} a_{11}+3a_{13} & a_{12} & a_{13} \\ a_{21}+3a_{23} & a_{22} & a_{23} \\ a_{31}+3a_{33} & a_{32} & a_{33} \end{pmatrix}$$

发现并证明：

🔍 初等矩阵左（右）乘就是对矩阵做一次相应的行（列）初等变换。

即把初等变换用简洁、准确的数学语言描述。

揭示初等矩阵和可逆矩阵的关系

> **定理**
>
> 设 A 为方阵，则以下陈述等价：
> ① A 可逆（即非奇异）；　✓
> ② $Ax=b$（对任意 b）有唯一解 $x=A^{-1}b$；　✓
> ③ $Ax=0$ 只有零解（又称平凡解）$x=0$；　✓
> ④ A 与 I 行等价；　✓
> ⑤ A 等于有限个初等矩阵的乘积。　✓
>
> 即任何一个可逆矩阵都可以经单位矩阵有限次初等变换得到，由此可见，在初等矩阵的定义中必须加上"一次"。

📝 提出问题

进一步地，能否用初等变换求矩阵的逆？

思政内容

展现由简入繁、分析综合、归纳演绎的科学方法和数学语言的简洁美。

思政内容

反映事物之间联系的普遍性，并体现数学语言更能准确地揭示事物内在的数学本质。

思政内容

概念的定义是主观的，但确实是客观事实的真实反映。

案例七 行列式的定义

教学内容 行列式的定义

教学意义 数学认识论是认识论的重要组成部分，主要研究数学认识过程的特点和规律。在教学中，从求解线性方程组出发，分析行列式产生的背景，再综合线性方程组解的客观现象，以抽象的形式给出行列式的归纳定义，最后应用行列式解决实际问题。此案例通过行列式概念的给出，体现了认识发展的过程，揭示了实践和认识的辩证统一关系，从而让学生树立科学思维。

思政元素 认识论；辩证方法

设计思路

二阶行列式引入

回忆定理

如果 A 是可逆的矩阵，那么对于任意的 b，线性方程组 $Ax=b$ 有且只有一个解 $x=A^{-1}b$。

例如：

> 已知矩阵 $A=\begin{pmatrix} a_{11} & a_{12} \\ a_{21} & a_{22} \end{pmatrix}$ 可逆，即 $a_{11}a_{22}-a_{12}a_{21} \neq 0$，线性方程组 $\begin{cases} a_{11}x_1+a_{12}x_2=b_1 \\ a_{21}x_1+a_{22}x_2=b_2 \end{cases}$ 的解为 $\begin{pmatrix} x_1 \\ x_2 \end{pmatrix}=A^{-1}b$。
>
> ➜ 根据二阶方阵求逆的公式，或者利用消元法，可得
>
> $$x_1=\frac{b_1a_{22}-a_{12}b_2}{a_{11}a_{22}-a_{12}a_{21}}, \quad x_2=\frac{a_{11}b_2-b_1a_{21}}{a_{11}a_{22}-a_{12}a_{21}}。$$
>
> ➜ 给出二阶方阵行列式的定义
>
> ➜ 再根据定义，可知
>
> $$x_1=\frac{|A_1|}{|A|}, \quad x_2=\frac{|A_2|}{|A|}, \quad 其中 A_1=\begin{pmatrix} b_1 & a_{12} \\ b_2 & a_{22} \end{pmatrix}, \quad A_2=\begin{pmatrix} a_{11} & b_1 \\ a_{21} & b_2 \end{pmatrix}。$$

思政内容
由浅入深、分析综合的科学方法。

三阶行列式引入

二阶行列式不仅可以简单刻画可逆矩阵，同时还能用于求解线性方程组。自然地，我们可以从线性方程组求解出发思考如何定义三阶行列式。

思政内容
体现实践不仅是认识的来源，也是认识发展的动力。

考察三元线性方程组 $\begin{cases} a_{11}x_1 + a_{12}x_2 + a_{13}x_3 = b_1 \\ a_{21}x_1 + a_{22}x_2 + a_{23}x_3 = b_2 \\ a_{31}x_1 + a_{32}x_2 + a_{33}x_3 = b_3 \end{cases}$ 。

思政内容
分析综合的科学方法。

运用消元法，可以推知当

$a_{11}a_{22}a_{33} + a_{12}a_{23}a_{31} + a_{13}a_{21}a_{32} - a_{11}a_{23}a_{32} - a_{12}a_{21}a_{33} - a_{13}a_{22}a_{31} \neq 0$ 时，

$$x_1 = \frac{b_1a_{22}a_{33} + a_{12}a_{23}b_3 + b_2a_{32}a_{13} - a_{13}a_{22}b_3 - a_{23}a_{32}b_1 - a_{12}b_2a_{33}}{a_{11}a_{22}a_{33} + a_{12}a_{23}a_{31} + a_{13}a_{21}a_{32} - a_{11}a_{23}a_{32} - a_{12}a_{21}a_{33} - a_{13}a_{22}a_{31}}$$

$$x_2 = \frac{b_2a_{11}a_{33} + a_{31}a_{23}b_1 + b_3a_{21}a_{13} - a_{13}a_{31}b_2 - a_{23}a_{11}b_3 - a_{21}b_1a_{33}}{a_{11}a_{22}a_{33} + a_{12}a_{23}a_{31} + a_{13}a_{21}a_{32} - a_{11}a_{23}a_{32} - a_{12}a_{21}a_{33} - a_{13}a_{22}a_{31}}$$

$$x_3 = \frac{b_3a_{22}a_{11} + a_{12}a_{31}b_2 + b_3a_{21}a_{12} - a_{32}a_{11}b_2 - a_{22}a_{31}b_1 - a_{12}b_3a_{21}}{a_{11}a_{22}a_{33} + a_{12}a_{23}a_{31} + a_{13}a_{21}a_{32} - a_{11}a_{23}a_{32} - a_{12}a_{21}a_{33} - a_{13}a_{22}a_{31}}$$

类比二阶行列式，我们把 x_i 的分母定义为矩阵 $A = \begin{pmatrix} a_{11} & a_{12} & a_{13} \\ a_{21} & a_{22} & a_{23} \\ a_{31} & a_{32} & a_{33} \end{pmatrix}$ 的行列式，即

思政内容
实践是认识的来源。

$$\begin{vmatrix} a_{11} & a_{12} & a_{13} \\ a_{21} & a_{22} & a_{23} \\ a_{31} & a_{32} & a_{33} \end{vmatrix} = \begin{aligned} & a_{11}a_{22}a_{33} + a_{12}a_{23}a_{31} + a_{13}a_{21}a_{32} \\ & - a_{11}a_{23}a_{32} - a_{12}a_{21}a_{33} - a_{13}a_{22}a_{31} \end{aligned}$$

则 $x_1 = \dfrac{|A_1|}{|A|}$, $x_2 = \dfrac{|A_2|}{|A|}$, $x_3 = \dfrac{|A_3|}{|A|}$,

○ 其中 $A_1 = \begin{pmatrix} b_1 & a_{12} & a_{13} \\ b_2 & a_{22} & a_{23} \\ b_3 & a_{32} & a_{33} \end{pmatrix}$, $A_2 = \begin{pmatrix} a_{11} & b_1 & a_{13} \\ a_{21} & b_2 & a_{23} \\ a_{31} & b_3 & a_{33} \end{pmatrix}$, $A_3 = \begin{pmatrix} a_{11} & a_{12} & b_1 \\ a_{21} & a_{22} & b_2 \\ a_{31} & a_{32} & b_3 \end{pmatrix}$,

并且三阶方阵 A 可逆的充要条件是 $|A| \neq 0$。

┌ 因此 ▶ ▶ ▶ ▶ ▶
┊ 该三阶行列式的定义能实现我们的预期目标。
└

n阶行列式引入

观察三阶行列式定义

$$\begin{vmatrix} a_{11} & a_{12} & a_{13} \\ a_{21} & a_{22} & a_{23} \\ a_{31} & a_{32} & a_{33} \end{vmatrix}$$

$= a_{11}a_{22}a_{33} + a_{12}a_{23}a_{31} + a_{13}a_{21}a_{32} - a_{11}a_{23}a_{32} - a_{12}a_{21}a_{33} - a_{13}a_{22}a_{31}$

认识

$$= a_{11}\begin{vmatrix} a_{22} & a_{23} \\ a_{32} & a_{33} \end{vmatrix} - a_{12}\begin{vmatrix} a_{21} & a_{23} \\ a_{31} & a_{33} \end{vmatrix} + a_{13}\begin{vmatrix} a_{21} & a_{22} \\ a_{31} & a_{32} \end{vmatrix}$$

我们可以发现，三阶行列式可以通过第一行和二阶行列式的运算来实现。因此，我们给出 n 阶行列式的归纳定义：

再实践

定义 ▶▶▶▶▶

方阵 $A = \begin{pmatrix} a_{11} & a_{12} & \cdots & a_{1n} \\ a_{21} & a_{22} & \cdots & a_{2n} \\ \vdots & \vdots & & \vdots \\ a_{n1} & a_{n2} & \cdots & a_{nn} \end{pmatrix}$ 的行列式

$$|A| = a_{11}A_{11} + a_{12}A_{12} + \cdots + a_{1n}A_{1n} = \sum_{j=1}^{n} a_{1j}A_{1j}$$

○ 其中 $A_{1j} = (-1)^{1+j}\begin{vmatrix} a_{21} & \cdots & a_{2,j-1} & a_{2,j+1} & \cdots & a_{2n} \\ \vdots & & \vdots & \vdots & & \vdots \\ a_{n1} & \cdots & a_{n,j-1} & a_{n,j+1} & \cdots & a_{nn} \end{vmatrix}$

是 $n-1$ 阶行列式。

思政内容
熟悉递归的数学方法，提升抽象思维能力。

提出问题

认识

💡 **思考题** ▶▶▶▶▶

① 矩阵可逆是否等价于行列式不为零？
② 线性方程组求解是否也可以通过行列式实现？

➡ 回归引入行列式的目的 ◀

再实践

后续教学

思政内容
实践是检验认识正确与否的唯一标准。

❝ 实践、认识、再实践、再认识，这种形式，循环往复以至无穷，而实践和认识之每一循环的内容…… ❞

毛泽东

案例八 行列式的性质

教学内容 行列式的性质

教学意义 数学方法不仅仅是提供简洁精确的形式化语言和逻辑推理的工具，也能提供数量分析和计算的方法。随着计算机技术的高速发展，计算机的性能虽然不断地得到飞跃式提升，然而信息化下日益膨胀的计算量也在不断挑战计算机的性能。此案例中，通过分析仅用定义计算高阶行列式下的计算量，激发学生结合已有的数学知识去思考从本质上解决问题的方法，实现高阶行列式计算的高效性。此案例设计中巧妙地将"时代性"融入教学，并在训练学生的逻辑推理能力和数学计算能力的同时，培养学生运用数学方法解决问题的能力。

思政元素 民族自豪感；数学方法；逻辑推理能力

设计思路

行列式性质引入背景

n 阶的行列式完全按定义计算需用到 $n!\sum_{i=1}^{n-1}\frac{1}{i!}$ 个乘法运算。因此，一个30阶行列式就需要计算约 4.6×10^{32} 次乘法。

我国神威·太湖之光超级计算机峰值运算速度是 1.25×10^{17} 次/秒，也就是实际应用中的一个30阶小型行列式用神威·太湖之光计算即便按照峰值速度也需约 1亿年。

思政内容
增强民族自豪感，提升科学分析问题的能力。

2016年，德国法兰克福国际超算大会（ISC）公布，神威太湖之光排名第一。2020年，全球超级计算机Top500榜单公布，神威·太湖之光排名第四。

因此，用定义计算大型行列式几乎不可能，除非用"九章"量子计算原型机。为此，我们需要优化计算方法。🏅 入选2021年"全球十大数字创新技术"

⊞ 回忆

方阵可通过初等变换化成上三角矩阵，且 $\begin{vmatrix} a_{11} & a_{12} & \cdots & a_{1n} \\ 0 & a_{22} & \cdots & a_{2n} \\ \vdots & & \ddots & \vdots \\ 0 & 0 & \cdots & a_{nn} \end{vmatrix} = a_{11}a_{22}\cdots a_{nn}$。

因此 ▸▸▸▸▸

如果能掌握初等变换对矩阵行列式的作用，就可通过化成上三角矩阵计算行列式，优化行列式计算。

行列式行变换性质

性质1 交换行列式的两行，行列式反号

$$\begin{vmatrix} a_{11} & a_{12} & \cdots & a_{1n} \\ a_{i1} & a_{i2} & \cdots & a_{in} \\ a_{j1} & a_{j2} & \cdots & a_{jn} \\ a_{n1} & a_{n2} & \cdots & a_{nn} \end{vmatrix} = - \begin{vmatrix} a_{11} & a_{12} & \cdots & a_{1n} \\ a_{j1} & a_{j2} & \cdots & a_{jn} \\ a_{i1} & a_{i2} & \cdots & a_{in} \\ a_{n1} & a_{n2} & \cdots & a_{nn} \end{vmatrix}$$

性质2 将行列式中的某一行乘以k倍，所得行列式是原来行列式的k倍

$$\begin{vmatrix} a_{11} & a_{12} & \cdots & a_{1n} \\ ka_{i1} & ka_{i2} & \cdots & ka_{in} \\ a_{n1} & a_{n2} & \cdots & a_{nn} \end{vmatrix} = k \begin{vmatrix} a_{11} & a_{12} & \cdots & a_{1n} \\ a_{i1} & a_{i2} & \cdots & a_{in} \\ a_{n1} & a_{n2} & \cdots & a_{nn} \end{vmatrix}$$

性质3 把行列式的某一行的倍数加到另一行，行列式不变

$$\begin{vmatrix} a_{11} & a_{12} & \cdots & a_{1n} \\ a_{i1} & a_{i2} & \cdots & a_{in} \\ a_{j1} & a_{j2} & \cdots & a_{jn} \\ a_{n1} & a_{n2} & \cdots & a_{nn} \end{vmatrix} = \begin{vmatrix} a_{11} & a_{12} & \cdots & a_{1n} \\ a_{i1} & a_{i2} & \cdots & a_{in} \\ a_{j1}+ka_{i1} & a_{j2}+ka_{i2} & \cdots & a_{jn}+ka_{in} \\ a_{n1} & a_{n2} & \cdots & a_{nn} \end{vmatrix}$$

抽象与具体相结合

计算行列式

运用上述三条性质，将行列式化为上三角行列式，简化计算。

📄 例题

求行列式 $\begin{vmatrix} 1 & 1 & 2 & 0 \\ 1 & 0 & 1 & 1 \\ 1 & 1 & 3 & 0 \\ 0 & 1 & 0 & 1 \end{vmatrix}$

✏️ 解答

进一步分析，运用这个方法，n阶的行列式只需要做 $\frac{n^3+2n-3}{3}$ 次乘法运算，按 2×10^8 次/秒的家用计算机速度运算30阶行列式不到1秒即可完成运算。

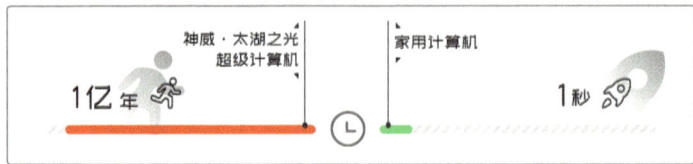

神威·太湖之光 超级计算机　　家用计算机
1亿年　　　　　　　　　1秒

思政内容
提高抽象思维能力。

思政内容
掌握递归的数学证明方法，训练逻辑推理能力。

思政内容
培养学生运用数学工具解决问题的能力，提高数学计算能力。

思政内容
感受数学的魅力，增加学习动力。

案例九 上三角行列式

教学内容 上三角行列式

教学意义 通过上三角行列式的讲解，一方面加深对行列式概念的理解和应用，掌握递归的数学方法，提升逻辑推理能力；另一方面向学生传递正确的价值观和积极向上的人生态度，让学生立志成为具有创新力、影响力、推动力的引领者。

思政元素 逻辑推理；理想信念

设计思路

上三角行列式计算

证明上三角行列式为主对角线元素相乘，即

$$\begin{vmatrix} a_{11} & a_{12} & \cdots & a_{1n} \\ 0 & a_{22} & \cdots & a_{2n} \\ \vdots & \vdots & & \vdots \\ 0 & 0 & \cdots & a_{nn} \end{vmatrix} = a_{11}a_{22}\cdots a_{nn}$$

➤ 运用数学归纳法给出证明 ◄

思政内容
加深对行列式概念的理解和应用，掌握递归的数学方法，提升逻辑推理能力。

分析上三角的性质

性质 上三角矩阵可逆当且仅当主对角线元素全不为0。

对上三角矩阵 A，只要存在一个 $a_{ii} = 0$，则 A 的行列式为0。

思政内容
部分影响整体。

传递积极向上的人生态度

我们要努力成为群体中"主对角线元素"，发挥引领性的作用。

❶ 对于上三角矩阵而言，在求解线性方程组时，每个元素都是不可或缺的，但在行列式计算中只有主对角线元素才起作用。

事实上，在后续学习中会发现，即便对于一般方阵，主对角线元素也有极为特殊的作用。

即便成不了"主对角线元素"，也可以做一条优秀的"鲶鱼"，激发更多人的潜在作用。

❷ 当改变上三角矩阵中某个"0"，则上三角中其他数字的作用再次发挥，即

$$\begin{vmatrix} a_{11} & a_{12} & \cdots & a_{1,n-1} & a_{1n} \\ 0 & a_{22} & \cdots & a_{2,n-1} & a_{2n} \\ \vdots & \vdots & & \vdots & \vdots \\ 0 & 0 & \cdots & a_{n-1,n-1} & a_{n-1,n} \\ a_{n1} & 0 & \cdots & 0 & a_{nn} \end{vmatrix} = a_{11}a_{22}\cdots a_{nn} + (-1)^{n+1}a_{n1}\begin{vmatrix} a_{12} & \cdots & a_{1,n-1} & a_{1n} \\ a_{22} & \cdots & a_{2,n-1} & a_{2n} \\ \vdots & & \vdots & \vdots \\ 0 & \cdots & a_{n-1,n-1} & a_{n-1,n} \end{vmatrix}$$

案例十 矩阵和行列式的异同

教学内容 矩阵和行列式的异同

教学意义 形式与内容、现象与本质是联系紧密又不尽相同的两对重要的哲学范畴，掌握这两组辩证关系既有哲学意义又有实践意义，也有方法论意义。通过分析矩阵和行列式的异同，让学生理解形式与内容虽然相互对立、却也不可分离，它们相互依存、相互决定、相互转化。因此，要把两者结合起来，不能忽视形式，更不能不顾内容。通过分析矩阵和行列式的本质区别，培养学生透过现象把握本质的能力，从而培养学生对现象进行系统分析、总结研究的科学能力和积极思考、不断探索的科学精神。

思政元素 形式与内容的辩证关系；现象与本质的辩证关系；数学方法；科学精神

设计思路

给出行列式和矩阵的形式对比

行列式
$$\begin{vmatrix} a_{11} & a_{12} & \cdots & a_{1n} \\ a_{21} & a_{22} & \cdots & a_{2n} \\ \vdots & \vdots & & \vdots \\ a_{n1} & a_{n2} & \cdots & a_{nn} \end{vmatrix}$$

矩阵
$$\begin{pmatrix} a_{11} & a_{12} & \cdots & a_{1n} \\ a_{21} & a_{22} & \cdots & a_{2n} \\ \vdots & \vdots & & \vdots \\ a_{m1} & a_{m2} & \cdots & a_{mn} \end{pmatrix}$$

思政内容
培养学生抽象思维能力。

分析行列式和矩阵的形式异同

行列式
$$\begin{vmatrix} a_{11} & a_{12} & \cdots & a_{1n} \\ a_{21} & a_{22} & \cdots & a_{2n} \\ \vdots & \vdots & & \vdots \\ a_{n1} & a_{n2} & \cdots & a_{nn} \end{vmatrix}$$

矩阵
$$\begin{pmatrix} a_{11} & a_{12} & \cdots & a_{1n} \\ a_{21} & a_{22} & \cdots & a_{2n} \\ \vdots & \vdots & & \vdots \\ a_{m1} & a_{m2} & \cdots & a_{mn} \end{pmatrix}$$

思政内容
展示分析、总结的科学方法。

行数等于列数	行数不一定等于列数
共有 n^2 个元素	共有 $m \times n$ 个元素
用两竖 | | 表示	用小括( )或中括号[ ]表示

启发学生思考行列式和矩阵的本质区别

行列式

$$\begin{vmatrix} a_{11} & a_{12} & \cdots & a_{1n} \\ a_{21} & a_{22} & \cdots & a_{2n} \\ \vdots & \vdots & & \vdots \\ a_{n1} & a_{n2} & \cdots & a_{nn} \end{vmatrix}$$

矩阵

$$\begin{pmatrix} a_{11} & a_{12} & \cdots & a_{1n} \\ a_{21} & a_{22} & \cdots & a_{2n} \\ \vdots & \vdots & & \vdots \\ a_{n1} & a_{n2} & \cdots & a_{nn} \end{pmatrix}$$

行数等于列数　　　　　行数等于列数

共有 n^2 个元素　　　　共有 n^2 个元素

| | 和 ( ) 只是记号

启发思考

此时行列式和方阵形式一样,那么**本质**区别在哪儿呢?

分析行列式和矩阵的本质区别

行列式

$$\begin{vmatrix} a_{11} & a_{12} & \cdots & a_{1n} \\ a_{21} & a_{22} & \cdots & a_{2n} \\ \vdots & \vdots & & \vdots \\ a_{n1} & a_{n2} & \cdots & a_{nn} \end{vmatrix}$$

矩阵

$$\begin{pmatrix} a_{11} & a_{12} & \cdots & a_{1n} \\ a_{21} & a_{22} & \cdots & a_{2n} \\ \vdots & \vdots & & \vdots \\ a_{n1} & a_{n2} & \cdots & a_{nn} \end{pmatrix}$$

本质　一个数

$$\begin{vmatrix} 0 & 0 \\ 0 & 0 \end{vmatrix} = \begin{vmatrix} 0 & 0 & 0 \\ 0 & 0 & 0 \\ 0 & 0 & 0 \end{vmatrix} = 0$$

$$\begin{vmatrix} 1 & 0 \\ 0 & 1 \end{vmatrix} + \begin{vmatrix} 1 & 0 & 0 \\ 0 & 1 & 2 \\ 0 & 0 & 0 \end{vmatrix} = 1 + 0$$

是数的运算,可以运算

本质　数　表

$$\begin{pmatrix} 0 & 0 \\ 0 & 0 \end{pmatrix} \neq \begin{pmatrix} 0 & 0 & 0 \\ 0 & 0 & 0 \\ 0 & 0 & 0 \end{pmatrix}$$

$$\begin{pmatrix} 0 & 0 \\ 0 & 0 \end{pmatrix} + \begin{pmatrix} 0 & 0 & 0 \\ 0 & 0 & 0 \\ 0 & 0 & 0 \end{pmatrix}$$

不可运算

○ 同"型"矩阵才有加法运算 ○

思政内容

通过引导学生积极思考,提升学生在不断实践和探索中透过现象发现本质的能力。

我们看事情必须要看它的实质,而把它的现象只看作入门的向导,一进了门就要抓住它的实质,这才是可靠的科学的分析方法

——毛泽东

分析行列式和矩阵符号的重要性

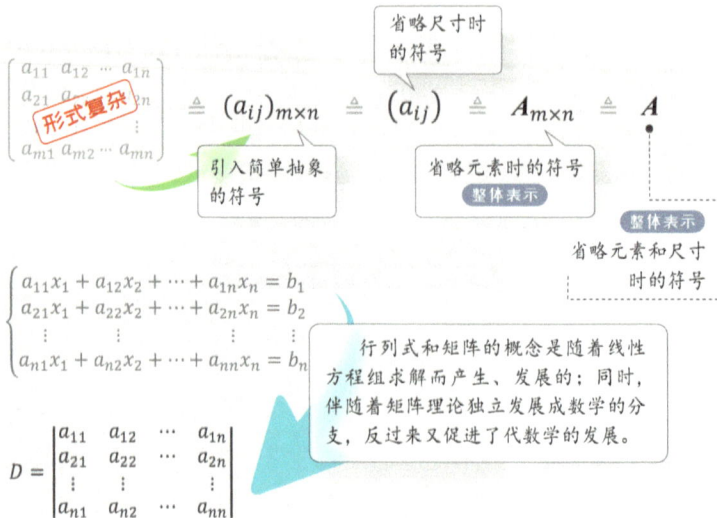

$$\begin{bmatrix} a_{11} & a_{12} & \cdots & a_{1n} \\ a_{21} & & & \\ \vdots & & & \\ a_{m1} & a_{m2} & & a_{mn} \end{bmatrix} \triangleq (a_{ij})_{m \times n} \triangleq (a_{ij}) \triangleq A_{m \times n} \triangleq A$$

形式复杂

省略尺寸时的符号

引入简单抽象的符号

省略元素时的符号 · 整体表示

省略元素和尺寸时的符号 · 整体表示

思政内容

体现符号的简洁美，形式是内容的外部表现。

$$\begin{cases} a_{11}x_1 + a_{12}x_2 + \cdots + a_{1n}x_n = b_1 \\ a_{21}x_1 + a_{22}x_2 + \cdots + a_{2n}x_n = b_2 \\ \vdots \quad \vdots \quad \vdots \\ a_{n1}x_1 + a_{n2}x_2 + \cdots + a_{nn}x_n = b_n \end{cases}$$

行列式和矩阵的概念是随着线性方程组求解而产生、发展的；同时，伴随着矩阵理论独立发展成数学的分支，反过来又促进了代数学的发展。

$$D = \begin{vmatrix} a_{11} & a_{12} & \cdots & a_{1n} \\ a_{21} & a_{22} & \cdots & a_{2n} \\ \vdots & \vdots & & \vdots \\ a_{n1} & a_{n2} & \cdots & a_{nn} \end{vmatrix}$$

思政内容

体现内容决定形式，形式也影响内容，好的形式可以推动内容发展。

行列式可看成 $n \times n$ 矩阵的行列式

▶ 方阵 A

$$\begin{bmatrix} a_{11} & a_{12} & \cdots & a_{1n} \\ a_{21} & a_{22} & \cdots & a_{2n} \\ \vdots & \vdots & & \vdots \\ a_{n1} & a_{n2} & \cdots & a_{nn} \end{bmatrix} = A$$

▶ A 的行列式

$$\begin{vmatrix} a_{11} & a_{12} & \cdots & a_{1n} \\ a_{21} & a_{22} & \cdots & a_{2n} \\ \vdots & \vdots & & \vdots \\ a_{n1} & a_{n2} & \cdots & a_{nn} \end{vmatrix} = |A| = \det(A)$$

○ 行列式是矩阵行列式，因此行列式与矩阵形式接近。

$$\det: \quad \mathbf{R}^{n \times n} \longrightarrow \mathbf{R}$$
$$A \longmapsto \det(A)$$

是以矩阵为自变量的函数。

给出了行列式更涌刻的解释

det 是矩阵为自变量的函数

↓ 可推广

$\det_q$ ▷▷▷ 量子行列式 · 量子物理的重要项

$$\det_q(A) = \sum_{\sigma \in S_n} (-q)^{-l(\sigma)} a_{1\sigma(1)} a_{2\sigma(2)} \cdots a_{n\sigma(n)}$$

思政内容

再次体现形式是内容的外部表现，培养创新精神，好的形式可以推动内容发展。

案例十一 线性空间的概念和性质

教学内容 线性空间的概念和性质

教学意义 公理化的数学方法不仅在现代数学和数理逻辑中广泛应用，而且已经远远超出数学的范围，渗透到现代理论力学等其他自然科学领域，甚至在某些社会科学领域中也起着重要作用。线性空间整个系统是线性代数中首个通过公理化过程建立的体系，也是公理化数学方法的典型案例。此案例先是分析集合 $\mathbf{R}^3$ 和 $\mathbf{R}[x]$ 之间客观存在的联系，归纳出集合 $\mathbf{R}^3$ 和 $\mathbf{R}[x]$ 运算规律中的共性，然后将共性抽象成公理，并找出其中相容的、独立的、完备的部分构成一般线性空间公理化的定义。

学生通过这一知识点的学习，初步了解公理化的数学方法，且逻辑思维得到了有效的训练。

思政元素 数学方法；辩证思维；逻辑推理

设计思路

分析、总结 $\mathbf{R}^3$、$\mathbf{R}[x]$ 等具体集合上的运算

$\mathbf{R}^3$ 上的线性运算规律

○ $\alpha, \beta, \gamma \in \mathbf{R}^3, k, l \in \mathbf{R}$

A1. $\alpha + \beta = \beta + \alpha$
A2. $(\alpha + \beta) + \gamma = \alpha + (\beta + \gamma)$
A3. $\alpha + 0 = \alpha$
A4. $\alpha + (-\alpha) = 0$
A5. $1\alpha = \alpha$
A6. $k(l\alpha) = (kl)\alpha$
A7. $(k+l)\alpha = k\alpha + l\alpha$
A8. $k(\alpha + \beta) = k\alpha + k\beta$

(i) $0\alpha = \alpha$
(ii) $(-1)\alpha = -\alpha$
(iii) $k0 = 0$
(iv) $k\alpha = 0 \Rightarrow k = 0$ 或 $\alpha = 0$
(v) $\alpha + \beta = \beta + \gamma \Rightarrow \beta = \gamma$
…… …

$\mathbf{R}[x]$ 上的线性运算规律

○ $p(x), q(x), r(x) \in \mathbf{R}[x], k, l \in \mathbf{R}$

A1. $p(x) + q(x) = q(x) + p(x)$
A2. $(p(x) + q(x)) + r(x) = p(x) + (q(x) + r(x))$
A3. $p(x) + 0 = p(x)$
A4. $p(x) + (-p(x)) = 0$
A5. $1p(x) = p(x)$
A6. $k(lp(x)) = (kl)p(x)$

A7. $(k+l)\boldsymbol{p}(\boldsymbol{x})=k\boldsymbol{p}(\boldsymbol{x})+l\boldsymbol{p}(\boldsymbol{x})$

A8. $k(\boldsymbol{p}(\boldsymbol{x})+\boldsymbol{q}(\boldsymbol{x}))=k\boldsymbol{p}(\boldsymbol{x})+k\boldsymbol{q}(\boldsymbol{x})$

思政内容

展现分析、总结的数学方法，培养学生抽象思维能力。

$\mathbf{R}^3$ 上的其他运算

○ $\boldsymbol{\alpha}=(a_1,a_2,a_3)$ ，$\boldsymbol{\beta}=(b_1,b_2,a_3)\in\mathbf{R}^3$

$$|\boldsymbol{\alpha}|=(|a_1|^2+|a_2|^2+|a_3|^2)^{\frac{1}{2}}$$

$$\langle\boldsymbol{\alpha},\boldsymbol{\beta}\rangle=a_1b_1+a_2b_2+a_3b_3$$

$$\angle(\boldsymbol{\alpha},\boldsymbol{\beta})=\arccos\frac{\langle\boldsymbol{\alpha},\boldsymbol{\beta}\rangle}{\|\boldsymbol{\alpha}\|\cdot\|\boldsymbol{\beta}\|}$$

○ $p(x)=a_{n-1}x^{n-1}+\cdots+a_1x+a_0$ ，$q(x)\in\mathbf{R}[x]$

$$p(x)|q(x)\Leftrightarrow 存在\,r(x)\in\mathbf{R}[x]\,，使得\,q(x)=p(x)\,r(x)$$

$$p'(x)=(n-1)a_{n-1}x^{n-2}+\cdots+2a_2x+a_1$$

$$\int_0^x p(x)\mathrm{d}x=a_{n-1}\frac{x^n}{n}+\cdots+a_1\frac{x^2}{2}+a_0x$$

展示从 $\mathbf{R}^3$、$\mathbf{R}[x]$ 抽象出共性的过程

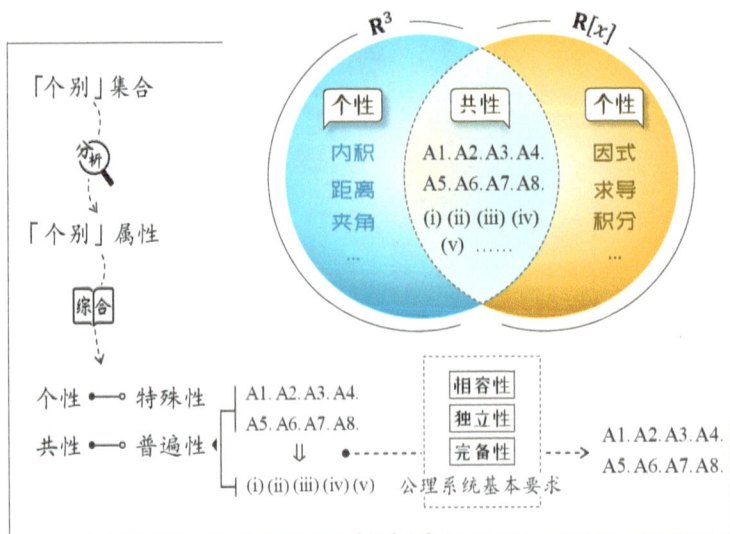

「个别」集合

分析

「个别」属性

综合

$\mathbf{R}^3$ $\mathbf{R}[x]$

个性：内积 距离 夹角 …

共性：A1. A2. A3. A4. A5. A6. A7. A8. (i) (ii) (iii) (iv) (v) ……

个性：因式 求导 积分 …

个性 —— 特殊性 {A1. A2. A3. A4. A5. A6. A7. A8.

⇓

共性 —— 普遍性 {(i) (ii) (iii) (iv) (v)

相容性 独立性 完备性

公理系统基本要求

A1. A2. A3. A4. A5. A6. A7. A8.

思政内容

展现公理化的数学方法，体现个别和一般、特殊性和普遍性的辩证关系。

给出一般线性空间公理化定义

在非空集合 V 上定义加法和数乘两种运算。即 V 中任一对元素 v 和 u，V 中存在唯一元素 $v+u$；对任意数 k 以及 V 中元素 v，V 中存在唯一元素 kv。

> **定义** · · · · ·
>
> ◎ 若 V 的两种运算满足以下8条公理，则称 V 为线性空间。
>
> **A1** 对 V 中任意 v 和 u，
> $$v+u=u+v$$
>
> **A2** 对 V 中任意 u,v 和 w，
> $$(v+u)+w=v+(u+w)$$
>
> **A3** 存在 V 中元素 0，对任意 V 中元素 v，有
> $$v+0=v$$
>
> **A4** V 中任意 v，存在 V 中元素 $-v$，使得
> $$v+(-v)=0$$
>
> **A5** 对任意数 k 以及 V 中元素 v 和 u，
> $$k(v+u)=kv+ku$$
>
> **A6** 对任意数 k 和 l 以及 V 中元素 v，
> $$(k+l)v=kv+lv$$
>
> **A7** 对任意数 k 和 l 以及 V 中元素 v，
> $$(kl)v=k(lv)$$
>
> **A8** 对任意 V 中元素 v，
> $$1\cdot v=v$$

思政内容
展现具体到抽象的认识过程和公理化、符号化的数学思想。

两种运算的深入理解

> **两种运算的本质** · · · · ·
>
> ❶ 封闭性：加法和数乘是封闭的，即
> $$u,\ v\in V,\ k\text{为任意数},\ u+v,\ kv\in V$$
>
> ❷ 两种运算就是两个映射，即
>
> ➕ $V\times V\to V$ ⊙ $P\times V\to V$
>
> —— P 为数域

思政内容
提升学生发现数学现象背后的数学原理的能力，训练抽象思维。

线性空间的具体例子

> **例**
>
> - $\mathbf{R}^n$：含 n 个元素的列向量全体；
> - $\mathbf{R}^{m\times n}$：$m\times n$ 实矩阵全体；
> - $\mathbf{R}[x]$：实系数多项式全体；
> - $\mathbf{R}[x]_n$：次数低于 n 次的实系数多项式全体以及零多项式；
> - $\mathbf{C}[a,b]$：闭区间 $[a,b]$ 上的实连续函数全体。

普遍性 这些集合按正常的加法和数乘构成实数 $\mathbf{R}$ 上的线性空间。

特殊性 $\mathbf{R}^3$ 中有几何特性，$\mathbf{R}^{m\times n}$ 中有初等变换，$\mathbf{R}[x]$ 中有带余除法，$\mathbf{C}[a,b]$ 中有可积性。

思政内容
体现抽象到具体的再认识过程和特殊性与普遍性的辩证关系。

线性空间性质证明和错误证明分析

性质 ▶▶▶▶▶

(i) 零元和负元都是唯一的；

(ii) $0v = v$ ；

(iii) $(-1)v = -v$ ；

(iv) $v + u = v + w \Rightarrow u = w$ ；

(v) $kv = 0 \Rightarrow k = 0$ 或 $v = 0$ ；

(vi) $k0 = 0$ 。

假设 $v \neq 0$，则
$$v = v + 0 = v + kv = (k+1)v$$
$$\because 1 = k + 1$$
$$\therefore k = 0$$
✕ 错误

假设 $k \neq 0$，且 $v \neq 0$
$$\therefore kv \neq 0$$
？ 思考

思政内容

培养学生逻辑推理和假设演绎的能力。

线性空间的判定

? 下列集合对所给定的运算是否构成线性空间？

① 令 $\mathbf{R}^+$ 表示正实数集，定义加法运算 $\oplus$ 和数乘运算 $\circ$ 如下：

对所有 $x, y \in \mathbf{R}^+$，有 $x \oplus y = xy$，对每个 $x \in \mathbf{R}^+$ 和任意实数 k，有 $k \circ x = x^k$ ；

② 平面上全体向量，对于通常的加法和如下定义的数量乘法：

$k \circ \boldsymbol{\alpha} = \mathbf{0}$，$\boldsymbol{\alpha}$ 为任一平面向量。

思政内容

展现从概念到判断的辩证思维过程，训练逻辑思维和抽象思维。

案例十二 子空间的定义和例子

教学内容 子空间的定义和例子

教学意义 线性子空间的概念具有外延广泛、内涵丰富的特点。通过对该知识点的学习，不仅能加深对线性空间的理解，也有利于训练学生的逻辑思维和抽象思维。同时，对子结构的研究也是一种重要的代数思想和代数方法。此外，空间和子空间的数学关系与整体和部分的辩证关系可以相互诠释、相互印证。所以，通过此案例的讲解，还能培养学生的数学思维和辩证思维。

思政元素 逻辑思维；抽象思维；辩证关系；数学方法

设计思路

子空间概念引入

定义 ·····

W是线性空间V的一个非空子集合，若W满足V的两种运算封闭，则称W为V的线性子空间，简称 **子空间** 。

注
线性子空间是继承并反映了线性空间整体主要性质的子部分。

部分是整体的部分　　部分含有整体的基本因素

分形图

非子部分　　整体　　子部分

例题讲解

"线性"表示直线、平面等

- $S_1 = \{(x_1, x_2)^T \mid x_1 = x_2\}$　'' 是子空间
- $S_2 = \{(x_1, x_2)^T \mid x_1 = x_2^2\}$　'' 不是子空间

0元是空间的基本元素

- $S = \{(x_1, x_2)^T \mid x_1 - x_2 = 1\}$　'' 不是子空间

x_2　S_1　S_2　$(1, 1)$　x_1

思政内容
体现数形结合的思想。

部分含有整体的基本因素。

$\mathbf{R}[x]_n$ 是 $\mathbf{R}[x]$ 的子空间， $\mathbf{R}[x]_{n-1}$ 是 $\mathbf{R}[x]_n$ 的子空间。

宇宙　银河系　太阳系

性质定理

性质　设 V_1, V_2 为线性空间 V 的子空间，则集合

$$V_1 \cap V_2 = \{a \mid a \in V_1 \text{ 且 } a \in V_2\}$$
$$V_1 + V_2 = \{a_1 + a_2 \mid a_1 \in V_1,\ a_2 \in V_2\}$$

也是 V 的子空间。

💡 提出问题 》》

集合的"交"和"并"对应，子空间的并是否还是子空间呢？

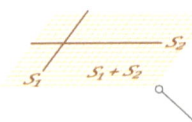

- $S_1 = \{(x_1, x_2)^{\mathrm{T}} \mid x_1 = x_2\}$　《是子空间
- $S_2 = \{(x_1, x_2)^{\mathrm{T}} \mid x_1 = -x_2\}$　《是子空间

$$\mathbf{R}^2 = S_1 + S_2$$

- $S = \{(x_1, x_2)^{\mathrm{T}} \mid x_1 = \pm x_2\} = S_1 \cup S_2$　《不是子空间

扩基定理

》 设 W 是 V 的子空间，则子空间 W 的任意一组基都可扩充成空间 V 的一组基。

💡 思考题 》》

给定 V 的一组基，则这组基的部分是否可以成为 W 的一组基？

📋 推论

对 V 的任意子空间 W，都存在 V 的子空间 U，使得 $V = W + U$，且 $\dim V = \dim W + \dim U$。

TEAM

一般地，由 $V=W+U$ 不一定有 $\dim V=\dim W+\dim U$。

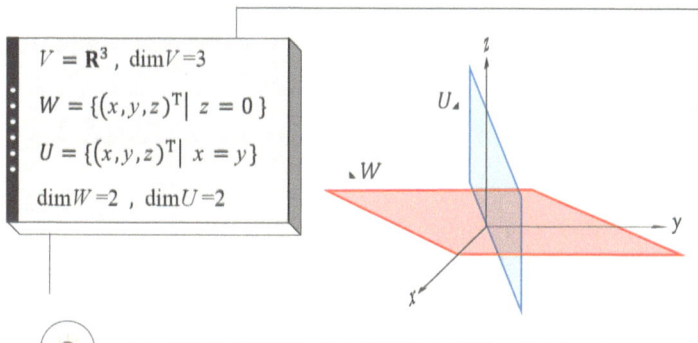

$V = \mathbf{R}^3$，$\dim V = 3$

$W = \{(x,y,z)^{\mathrm{T}} \mid z = 0\}$

$U = \{(x,y,z)^{\mathrm{T}} \mid x = y\}$

$\dim W = 2$，$\dim U = 2$

启发思考

① 能否由条件"$\dim V = \dim W + \dim U$"推出"$V = W + U$"？

② 当 $V = W + U$ 时，什么时候会有 $\dim V = \dim W + \dim U$？

案例十三 线性相关和线性无关的定义

教学内容 线性相关和线性无关的定义

教学意义 辩证思维依据概念的辩证本性，通过概念、判断、推理、假说等思维形式的矛盾运动，深刻反映客观世界和人类实践活动的内在本质。线性相关和线性无关是线性代数中一对显明的矛盾关系，即"非此即彼"。此案例从线性相关和线性无关的概念出发，充分展示辩证思维的各种形式，全面反映矛盾关系的对立统一性，从而实现对学生辩证思维能力的培养。

思政元素 辩证思维；矛盾关系；数学审美

设计思路

线性相关的引入

将线性方程组
$$\begin{cases} x_1 + x_2 - 2x_3 = 2 \\ 2x_1 + x_2 + 3x_3 = 3 \end{cases}$$

表示成向量线性组合的等价形式

$$x_1 \begin{pmatrix} 1 \\ 2 \end{pmatrix} + x_2 \begin{pmatrix} 1 \\ 1 \end{pmatrix} + x_3 \begin{pmatrix} -2 \\ 3 \end{pmatrix} = \begin{pmatrix} 2 \\ 3 \end{pmatrix}$$

思政内容
培养学生发现问题的能力。

发现 $\begin{pmatrix} 1 \\ 2 \end{pmatrix} + \begin{pmatrix} 1 \\ 1 \end{pmatrix} = \begin{pmatrix} 2 \\ 3 \end{pmatrix}$，即 $1 \cdot \begin{pmatrix} 1 \\ 2 \end{pmatrix} + 1 \cdot \begin{pmatrix} 1 \\ 1 \end{pmatrix} + 0 \cdot \begin{pmatrix} -2 \\ 3 \end{pmatrix} = \begin{pmatrix} 2 \\ 3 \end{pmatrix}$。 (*)

也就是说 $\begin{cases} x_1 = 1 \\ x_2 = 1 \\ x_3 = 0 \end{cases}$ 为方程组的一个解。

🛈 注意到 $\begin{pmatrix} 1 \\ 2 \end{pmatrix} = \frac{7}{5} \begin{pmatrix} 1 \\ 1 \end{pmatrix} + \frac{1}{5} \begin{pmatrix} -2 \\ 3 \end{pmatrix}$ (**)，将(**)代入(*)可得

$$\frac{12}{5} \begin{pmatrix} 1 \\ 1 \end{pmatrix} + \frac{1}{5} \begin{pmatrix} -2 \\ 3 \end{pmatrix} = \begin{pmatrix} 2 \\ 3 \end{pmatrix}$$

由此，我们可以发现该线性方程组解不唯一的原因是向量 $\begin{pmatrix} 1 \\ 2 \end{pmatrix}, \begin{pmatrix} 1 \\ 1 \end{pmatrix}, \begin{pmatrix} -2 \\ 3 \end{pmatrix}$ 中的一个向量可写成另外两个向量的线性组合。向量组中的这种关系我们称之为向量组"线性相关"。

定义 ﹥﹥﹥﹥﹥
向量组 $v_1, v_2, \cdots, v_k \ (k > 1)$ 中有一个向量可表示成其余向量的线性组合，那么向量组 $v_1, v_2, \cdots, v_k$ 称为 线性相关 。

观察该定义，我们还得补充$k=1$时的定义，即：

> "
> 一个向量线性相关当且仅当该向量为零向量。
> "

▢ 思考

能否将$k=1$和$k>1$两种形式统一在一个定义中？

思政内容
培养学生"勤思"的科学研究习惯。

给出线性相关的等价定义

> 定义 ‧‧‧‧
>
> 给定向量空间V中的一个向量组：$v_1,v_2\cdots,v_k$，如果存在一组 不完全为零 的数$c_1,c_2\cdots,c_k$，使得
>
> $$c_1v_1+c_2v_2+\cdots+c_kv_k=0$$
>
> ○ 则称向量组$v_1,v_2\cdots,v_k$是线性相关的。
>
> ○ 否则，称$v_1,v_2\cdots,v_k$是线性无关的。

思政内容
体现数学语言的严谨和简洁，提升学生抽象思维能力。

🔺 证明两个"线性相关"的定义等价。

👍 分析第二个定义的优点

> ① 统一$k=1$和$k>1$两种情形；
> ② 不需要"线性组合"的概念；
> ③ 便于给出"线性相关"对立面——"线性无关"的肯定式陈述。

思政内容
训练学生的逻辑思维，提高观察和分析的科研能力。

讨论并给出线性无关的肯定性定义

向量组$v_1,v_2\cdots,v_k$线性无关
即指

> 定义 ‧‧‧‧
>
> 如果
> $$c_1v_1+c_2v_2+\cdots+c_kv_k=0$$
>
> 可推出 $c_1=c_2=\cdots=c_k=0$

思政内容
展现概念、判断、推理、假说的辩证思维形式。

线性相关和线性无关的判定

△ 几何解释

$\mathbf{R}^3$ 中两个非零向量线性相关即 共线；

$\mathbf{R}^3$ 中三个非零向量线性相关即 共面。

思政内容
从抽象上升到具体。

> **例**
>
> 用"相关"或"无关"填空。
>
> ① 非零向量 α 线性 _____；
>
> ② 向量组 $0, \alpha, \beta, \gamma$ 线性 _____；
>
> ③ 向量组 $\alpha, 2\alpha, \beta, \gamma$ 线性 _____。

> **例**
>
> 判别以下向量组的线性相关性。
>
> ① $v_1 = (1,0,0)^T, v_2 = (0,0,1)^T$；
>
> ② $v_1 = (1,0,0)^T, v_2 = (0,1,0)^T, v_3 = (0,0,1)^T$；
>
> ③ $v_1 = (1,0,0)^T, v_2 = (0,1,0)^T, v_3 = (0,0,1)^T, v_4 = (1,0,7)^T$；
>
> ④ $v_1 = (1,0,0,0)^T, v_2 = (0,1,0,0)^T, v_3 = (0,0,1,0)^T$,
> $v_4 = (1,0,7,1)^T$。

分析总结

✐ 分析总结可得

❶ 向量组中部分向量线性相关，则向量组整体必线性相关；反之，线性无关的向量组的部分必线性无关。

❷ 线性无关的向量组中增加某个向量可变成线性相关；反之，线性相关的向量组中减少某些向量可变成线性无关。

❸ 改变向量组中向量分量的个数，可改变向量的线性相关和线性无关性。

思政内容
既揭示部分和整体的辩证关系，又体现了矛盾双方依据一定条件可相互转换。

案例十四　线性空间基的概念

教学内容　线性空间基的概念

教学意义　线性空间的基是一个高度抽象的概念，既是线性空间中的主要研究对象，也是研究线性空间的重要工具。在辩证哲学中，概念是辩证思维的"细胞"和"胚芽"；而在线性代数中，基是线性空间的"细胞"和"胚芽"。通过对基的概念的讲授，充分训练学生的逻辑思维和抽象思维，让学生充分认识到简洁的数学语言蕴含着丰富的内涵。同时，让学生充分理解概念的内在矛盾性，即主观性和客观性、灵活性和确定性、抽象性和具体性的对立统一。此外，基的概念中还隐含了部分与整体、变与不变等的辩证关系。

思政元素　辩证关系；辩证思维；数学方法；数学审美

设计思路

概念引入

📖 上一节中我们通过"生成集"这个部分来研究线性空间整体的性质。比如

- 向量组 I　$v_1 = (1,2,0)^T$，$v_2 = (2,1,1)^T$，$v_3 = (0,3,1)^T$；
- 向量组 II　$v_1 = (1,2,0)^T$，$v_2 = (2,1,1)^T$，$v_3 = (0,3,1)^T$，$v_4 = (3,3,5)^T$。

张成了同一个空间，但是向量组 II 中出现了"多余"向量。

✏️ 一般地，如果生成集 S 中向量线性相关，则必可删除 S 中一些向量获得一个最小的生成集。

思政内容
部分与整体的辩证关系。

思政内容
传递积极的价值观：努力让自己具有不可替代性。

基的定义

设 $V = \text{span}(v_1, \cdots v_n)$。

定义 ▶▶▶▶▶

向量空间 V 的一个最小生成集称为 V 的一组基。

思政内容
数学语言的简洁和抽象。

概念的理解

定理1

v_1，v_2，...，v_n为V的一组基当且仅当

① V中任意向量都可由v_1，v_2，...，v_n线性表出；　张集

② v_1，v_2，...，v_n线性无关。　极小

> 也可用这一等价刻画作为基的定义

🖐 给出证明，然后分析定理1的内涵，得到更为简洁、更接近"基"的本质的定理2。

思政内容
概念的形式是主观的、灵活的，但反映的内容是客观、确定的。

定理2

v_1，v_2，...，v_n为V的一组基当且仅当V中任意向量都可由v_1，v_2，...，v_n 唯一 线性表出。

→o 唯一 二字揭示了基的本质，构成向量"坐标"定义的根基和有限维空间同构的建立途径。

★ 唯一性是重要数学性质

思政内容
分析综合的数学方法和揭示内隐的数学思想。

给出具体例子

例

判断以下向量组是否是$\mathbf{R}^3$空间的一组基。

① $\{(1,1,1)^T,(0,1,1)^T,(2,0,1)^T\}$；

② $\{(1,1,1)^T,(0,1,1)^T,(2,0,1)^T,(0,0,1)^T\}$；

③ $\{(1,1,1)^T,(0,1,1)^T,(1,2,1)^T\}$；

④ $\{(1,0,0)^T,(0,1,0)^T,(0,0,1)^T\}$；

⑤ $\{(1,0,0)^T,(0,0,1)^T\}$。

思政内容
从抽象到具体的辩证思维训练和逻辑思维能力培养。

💡 **思考**

① 由例子可见基并不唯一，是可变的，那"基"中有没有不变量？

② 能否给出基的判定？

思政内容
激发学生主动思考，理解变与不变的辩证关系。

案例十五　坐标定义和坐标变换

教学内容　坐标定义和坐标变换

教学意义　在抽象的线性空间中，通过"坐标"可以简单、具体，却又准确地刻画每一个抽象的向量；同时，通过"坐标"，把任意一个抽象的有限维空间与具体的 $\mathbf{R}^n$ 空间"等同"起来，因此，"坐标"使得抽象的空间具体化，便于揭示线性空间的本质和内在规律。此外，在大量实际问题中，还可以通过基变换的方式把一个坐标系转换成另一个坐标系，从而达到简化问题的目的。

思政元素　辩证思维；数学审美；科学精神；抽象思维；数学方法

设计思路

给出坐标的定义

设 $\{v_1, v_2, \ldots, v_n\}$ 是线性空间 V 的一组基，对于任意向量 $u \in V$，存在唯一的一组数 $c_1, c_2, \ldots, c_n$，使得

$$u = c_1 v_1 + c_2 v_2 + \ldots + c_n v_n \tag{1}$$

则称 (1) 式中的 $(c_1, c_2, \ldots, c_n)^{\mathrm{T}}$ 为 V 中向量 u 在有序基 $\{v_1, v_2, \ldots, v_n\}$ 下的坐标。

思政内容
训练学生的逻辑思维和抽象思维，让学生感受数学的简洁和准确之美。

复习基的概念，解释定义中的「存在」和「唯一」

$\{v_1, v_2, \ldots, v_n\}$ 是向量空间 V 的基，就是指 V 中每个向量都可以写成 $v_1, v_2, \ldots, v_n$ 的线性组合形式，并且表达形式是唯一的。

🏆 通过坐标的"存在"和"唯一"把空间中抽象的向量转化为一组具体的数字。

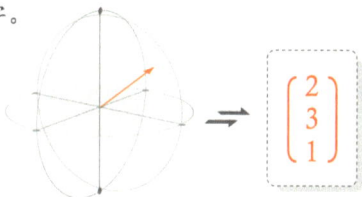

$$\Rightarrow \begin{pmatrix} 2 \\ 3 \\ 1 \end{pmatrix}$$

思政内容
培养学生掌握从抽象到具体的数学方法。

启发思考

💡 💬 提问
定义中为什么要在坐标前加定语"有序基 $\{v_1, v_2, \ldots, v_n\}$"？

思政内容
培养学生的逻辑思维能力和积极思考的科学精神。

引入坐标变换

为了研究二次曲面$z=xy$的图像，我们将坐标系绕z轴逆时针旋转$\frac{\pi}{4}$，即令

$$\begin{pmatrix} x_1 \\ y_1 \\ z_1 \end{pmatrix} = \begin{pmatrix} \frac{1}{\sqrt{2}} & \frac{1}{\sqrt{2}} & 0 \\ -\frac{1}{\sqrt{2}} & \frac{1}{\sqrt{2}} & 0 \\ 0 & 0 & 1 \end{pmatrix} \begin{pmatrix} x \\ y \\ z \end{pmatrix}$$

随后将

$$\begin{pmatrix} x \\ y \\ z \end{pmatrix} = \begin{pmatrix} \frac{1}{\sqrt{2}} & -\frac{1}{\sqrt{2}} & 0 \\ \frac{1}{\sqrt{2}} & \frac{1}{\sqrt{2}} & 0 \\ 0 & 0 & 1 \end{pmatrix} \begin{pmatrix} x_1 \\ y_1 \\ z_1 \end{pmatrix}$$

代入方程$z=xy$，整理可得

$$z_1 = \frac{1}{2}x_1{}^2 - \frac{1}{2}y_1{}^2$$

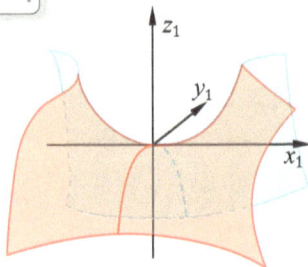

思政内容
提高"化繁为简"的数学能力。

≫ ≫ ≫ 即图形为马鞍面 ≫ ≫ ≫

设S为从一组基$\{w_1, w_2, ..., w_n\}$到另一组基$\{v_1, v_2, ..., v_n\}$的过渡矩阵。如果向量u在基$\{w_1, w_2, ..., w_n\}$和$\{v_1, v_2, ..., v_n\}$下的坐标向量分别为c和d，则

$$\mathbf{c = Sd} \qquad (2)$$

由此可见，坐标在一组固定的基下是唯一的，但当基变换的时候，坐标也会发生改变。即坐标是相对唯一，不是绝对唯一。

思政内容
展现绝对与相对、变与不变的辩证关系。

简单介绍"刻舟求剑"寓意

在刻舟求剑的故事中，"舟"就是坐标系。舟在动，坐标系就在变，"剑"的坐标也就改变了，所以无法准确定位。

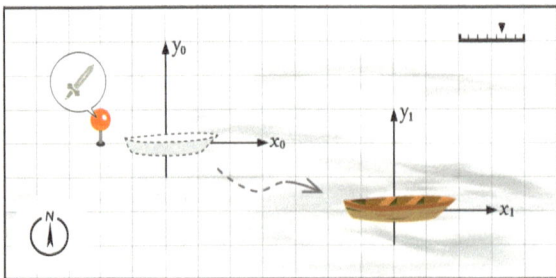

思政内容
将我国古代有趣的成语故事与枯燥的数学知识相结合，提升学生学习的兴趣以及知识的运用能力。

案例十六 R^{n}空间中的夹角的定义和应用

教学内容 R^{n}空间中的夹角的定义和应用

教学意义 此案例教学中，通过平时成绩和期末成绩的相关性分析，以问题驱动的方式，引导学生模仿2维和3维几何空间夹角的概念，给出R^{n}空间中夹角的定义，从而为学生提供概念推广的方法和思路，提升学生的科学研究能力。同时，我们强调定义的合理性，培养学生的质疑精神和善思的习惯。此案例教学中，通过选取学生所关注的问题作为切入口，有效吸引了学生的注意力，提高了学习的兴趣和效果。同时，让学生意识到"不积跬步无以至千里"，学习要注重平时的积累。

思政元素 质疑精神；数学建模能力；学习态度

设计思路

实际问题介绍和分析

下表所示为浙江工业大学线性代数课程10位同学两次平时测验和期末测验成绩的真实得分，分析三个成绩的相关性。

	🎓	🎓	🎓	🎓	🎓	🎓	🎓	🎓	🎓	🎓
📝 平时成绩1	65	53	65	53	60	38	58	40	60	70
📝 平时成绩2	52	68	56	56	74	54	58	60	70	72
📝 期末成绩	52	75	67	72	75	31	70	63	57	85

🔍 事实上，我们可以把三次成绩数据看作空间R^{10}上的三个向量并作单位化，然后分析三个单位向量的接近程度。

在R^2，R^{3}上单位向量的接近程度可以用夹角来刻画，夹角越小，两个向量越接近。因此，我们也希望将R^2，R^{3}上夹角的概念进行推广，并展开应用。

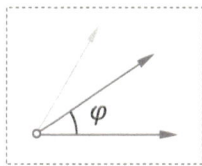

思政内容
训练学生数学建模能力，使学生熟悉数形结合的数学方法。

引入概念

分析R^2，R^{3}上向量夹角的性质：

设非零向量$x = (x_1, x_2, x_3)^T$，$y = (y_1, y_2, y_3)^T$之间的夹角为φ，则 $\|x\| \cdot \|y\| \cos\varphi = x_1 y_1 + x_2 y_2 + x_3 y_3 = x^T y$。

思政内容
熟悉从特殊到一般、从具体到抽象的数学方法。

✎ 因此，当$x \neq 0$，$y \neq 0$，则x，y的 夹角 为：

$$\varphi = \arccos \frac{x^T y}{\|x\| \cdot \|y\|}, \quad 0 \leqslant \varphi \leqslant \pi$$

定义 · · · · ·

类似地，我们可以定义空间 $\mathbf{R}^n$ 上向量的夹角。

设 $\alpha = (a_1, a_2, \cdots, a_n)^T$，$\beta = (b_1, b_2, \cdots, b_n)^T$ 为空间 $\mathbf{R}^n$ 上的非零向量，定义 α，β 的 夹角 为：

$$\varphi = \arccos \frac{\alpha^T \beta}{\|\alpha\| \cdot \|\beta\|}, \ 0 \leqslant \varphi \leqslant \pi$$

概念的理解

提出问题 这个定义合理吗？

让学生思考

再给提示 arccos 这个函数的定义域是什么？

讨论得到答案，即以下不等式保证定义的合理性

柯西·施瓦茨不等式

$$|a_1 b_1 + \ldots + a_n b_n| \leqslant \sqrt{a_1{}^2 + \cdots + a_n{}^2} \cdot \sqrt{b_1{}^2 + \cdots + b_n{}^2}$$

即 $|\alpha^T \beta| \leqslant \|\alpha\| \cdot \|\beta\|$

思政内容
培养质疑精神。

思政内容
传授归纳演绎的辩证方法。

概念的应用

两组数据所确定的两个向量的夹角（余弦）越接近 0 度（1），越相关。

夹角与相关性的关系

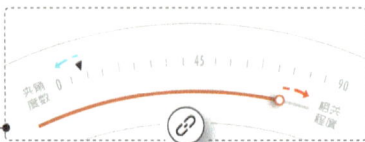

通过计算发现，平时成绩 1、平时成绩 2 与期末成绩三组数据所确定的向量的夹角余弦都超过 0.98，因此平时成绩和期末成绩相关度 非常高 。

注 夹角在现代科技——信息检索中也有着重要的应用。

Search here

思政内容
鼓励学生注重学习的过程和日常的积累。

案例十七　内积的定义和应用

教学内容　内积的定义和应用

教学意义　内积概念为线性空间引入了几何属性，丰富了线性空间的结构。此案例充分展现了"具体—抽象—具体"的辩证思维过程，使学生的逻辑思维和抽象思维以及分析综合的研究能力都得到反复训练。通过内积空间中的柯西-施瓦茨不等式的一些具体应用，体现抽象概念具有广泛的应用性，从而反映"统一"这一代数方法的意义。最后，通过"勾股定理"激发学生的民族自豪感。

思政元素　逻辑思维；抽象思维；辩证方法；数学方法；民族自豪感

设计思路

概念引入

$\mathbf{R}^2$，$\mathbf{R}^3$ 空间中有夹角、长度、垂直等几何刻画，因此我们希望在抽象的线性空间中引入类似的概念。为此，我们先分析 $\mathbf{R}^3$ 空间中这些概念的定义。

> ○ 令向量 $\boldsymbol{x}$ 和 $\boldsymbol{y}$ 的数量积为 $\boldsymbol{x}^{\mathrm{T}}\boldsymbol{y}$ 为内积，记作 $\langle \boldsymbol{x},\boldsymbol{y}\rangle$，即
> $$\langle \boldsymbol{x},\boldsymbol{y}\rangle = x_1 y_1 + x_2 y_2 + x_3 y_3$$
> ○ $\angle(\boldsymbol{x},\boldsymbol{y}) = \arccos \dfrac{\langle \boldsymbol{x},\boldsymbol{y}\rangle}{\|\boldsymbol{x}\| \cdot \|\boldsymbol{y}\|}$
>
> $$\|\boldsymbol{x}\| = \langle \boldsymbol{x},\boldsymbol{x}\rangle^{1/2},\quad \boldsymbol{x} \perp \boldsymbol{y} \Leftrightarrow \langle \boldsymbol{x},\boldsymbol{y}\rangle = 0$$

思政内容　从具体的感性认识出发。

思政内容　上升至抽象的理解。

由此可见，内积是重要的几何描述工具。下面，我们给出一般线性空间中内积的抽象定义。

定义 ·····

设 V 是实数域 $\mathbf{R}$ 上的线性空间，对 V 中任意两个向量 α、β，定义一个二元实函数，记作 $\langle \alpha,\beta\rangle$，若 $\langle \alpha,\beta\rangle$ 满足性质：

✅ $\forall \alpha,\beta,\gamma \in V$，$\forall k \in \mathbf{R}$

1° $\langle \alpha,\beta\rangle = \langle \beta,\alpha\rangle$ ········· 对称性

2° $\langle k\alpha,\beta\rangle = k\langle \alpha,\beta\rangle$ ········· 数乘 ⎱ 线性性

3° $\langle \alpha+\beta,\gamma\rangle = \langle \alpha,\gamma\rangle + \langle \beta,\gamma\rangle$ ····· 可加性

4° $\langle \alpha,\alpha\rangle \geqslant 0$，当且仅当 $\alpha = 0$ 时 $\langle \alpha,\alpha\rangle = 0$ ····· 正定性

则称 $\langle \alpha,\beta\rangle$ 为 α 和 β 的 **内积**，并称这种定义了内积的实数域 $\mathbf{R}$ 上的线性空间 V 为 **欧氏空间**。

思政内容　归纳综合的科学方法，逻辑思维和抽象思维的训练。

内积的判定

判断下列哪个是内积：

$V = \mathbf{R}^2$，$\alpha = (a_1, a_2)$，$\beta = (b_1, b_2)$

○ $\langle \alpha, \beta \rangle = a_1 b_1 - a_2 b_2$

○ $\langle \alpha, \beta \rangle = a_1 b_1 + a_2 b_2$

○ $\langle \alpha, \beta \rangle = a_1 b_1 + 2a_2 b_2$

○ $\langle \alpha, \beta \rangle = 2a_1 b_1 + a_1 a_1 + 2a_2 b_2 + b_1 b_1$

由此可知 —— 一个空间中可以定义多个内积。

思政内容
从概念到判断的思维方法。

内积的具体例子

例

① 以下运算都是 $\mathbf{R}^n$ 中的内积。

○ $\langle \alpha, \beta \rangle = \alpha^{\mathrm{T}} \beta = a_1 b_1 + a_2 b_2 + \cdots + a_n b_n$

○ $\langle \alpha, \beta \rangle = d_1 a_1 b_1 + d_2 a_2 b_2 + \cdots + d_n a_n b_n$
其中 $d_1, d_2, \cdots, d_n > 0$

○ $\langle \alpha, \beta \rangle = (D\alpha)^{\mathrm{T}}(D\beta)$
其中 D 是 $n \times n$ 可逆矩阵

② 令 $\langle A, B \rangle = \sum_{i=1}^{m} \sum_{j=1}^{n} a_{ij} b_{ij}$，则 $\langle A, B \rangle$ 是 $\mathbf{R}^{m \times n}$ 上的内积，其中 $A = (a_{ij})$，$B = (b_{ij})$。

令 $\langle f, g \rangle = \int_a^b f(x) g(x) \, \mathrm{d}x$，则 $\langle f, g \rangle$ 是 $\mathrm{C}[a, b]$ 上的内积，其中 $f, g \in \mathrm{C}[a, b]$。

令 $\langle p, q \rangle = \sum_{i=1}^{n} p(x_i) q(x_i)$，则 $\langle p, q \rangle$ 是 $\mathbf{R}[x]_n$ 上的内积。其中 $p, q \in \mathbf{R}[x]_n$，$x_1, x_2, \cdots, x_n$ 是给定的互不相等的实数。

思政内容
推理演绎的科学方法的使用。

由上述两个例子，我们看到了内积的定义具有一般性，可以涵盖更广的内容。

内积的应用

▶ 柯西-施瓦茨不等式

○ 对欧氏空间V中任意两个向量α和β，有 $\langle\alpha,\beta\rangle^2 \leqslant \langle\alpha,\alpha\rangle\langle\beta,\beta\rangle$
当且仅当α和β线性相关时等号成立。

思政内容
训练逻辑思维，
体现数学方法
的巧妙。

🔖 利用一元二次方程判别式给出证明。

推理

$$(x_1 y_1 + \cdots + x_n y_n)^2 \leqslant (x_1^2 + \cdots + x_n^2)(y_1^2 + \cdots + y_n^2)$$

$$\left(\int_a^b f(x)g(x)\mathrm{d}x\right)^2 \leqslant \int_a^b |f(x)|^2 \mathrm{d}x \cdot \int_a^b |g(x)|^2 \mathrm{d}x$$

思政内容
体现抽象和统
一的重要性。

📑 接着引入长度、夹角、垂直等概念，然后得到抽象空间
中的勾股定理，即设V为欧氏空间，$\forall \alpha, \beta \in V$

$$\alpha \perp \beta \iff |\alpha+\beta|^2 = |\alpha|^2 + |\beta|^2 \quad ✅$$

🔗 **简单介绍勾股定理的历史**

我国西周初期的数学家商高给出了"勾三股四弦五"这一特例。在西方，
最早证明此定理的为公元前6世纪古希腊的毕达哥拉斯学派，因此西方称
"勾股定理"为"毕达哥拉斯定理"。

思政内容
树立民族自豪
感。

🔖 勾股定理现约有500种证明方法！勾股定理是用代数思想解决
几何问题的最重要的工具之一，也是数形结合的纽带之一。

弦图

2002年国际数学
家大会会标

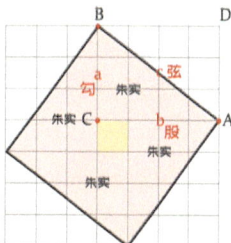

"赵爽弦图解析"

案例十八　标准正交基的概念和应用

教学内容　标准正交基的概念和应用

教学意义　标准正交基将抽象欧氏空间中的内积运算转变为 $\mathbf{R}^n$ 空间中的向量内积运算，从而使得一般欧氏空间中坐标、长度、距离、夹角等概念也具象化。整个教学活动不仅充分展示了从具体到抽象再到具体的辩证思维过程，也诠释了实践能有效检验理论的真理性。同时，标准正交基在定积分计算中的应用把代数与分析有机结合，打破了学生的固有思维，强化了学生的创新意识。

思政元素　辩证思维；认识论；创新意识

设计思路

概念引入

对于有限维线性空间，我们通过基和坐标与 $\mathbf{R}^n$ 空间建立同构，从而使得抽象的线性空间具体化。

内积是抽象线性空间上的抽象概念，我们也需要寻找合适的方式将"内积"具体化，从而使得由内积诱导的长度、夹角等概念也能有具体的刻画。

> 为此，我们先分析 $\mathbf{R}^3$ 空间中的内积　▸▸▸▸▸
>
> 在直角坐标系下令 $i = (1,0,0)$，$j = (0,1,0)$，$k = (0,0,1)$
>
> ⟹ 设 $\alpha = x_1 i + y_1 j + z_1 k$，$\beta = x_2 i + y_2 j + z_2 k \in \mathbf{R}^3$
>
> ① 从而 $\langle \alpha, i \rangle = x_1$，$\langle \alpha, j \rangle = y_1$，$\langle \alpha, k \rangle = z_1$
>
> $\Longrightarrow \alpha = \langle \alpha, i \rangle i + \langle \alpha, j \rangle j + \langle \alpha, k \rangle k$
>
> ② $\langle \alpha, \beta \rangle = x_1 x_2 + y_1 y_2 + z_1 z_2$
>
> ③ $|\alpha| = \sqrt{x_1{}^2 + y_1{}^2 + z_1{}^2}$
>
> ④ $\langle \alpha, \beta \rangle = \arccos \dfrac{x_1 x_2 + y_1 y_2 + z_1 z_2}{\sqrt{x_1{}^2 + y_1{}^2 + z_1{}^2}\ \sqrt{x_2{}^2 + y_2{}^2 + z_2{}^2}}$

◂◂◂◂◂

事实上，在 $\mathbf{R}^3$ 中以 i，j，k 为基的前提下，内积可以看作是向量在基下坐标的运算。因此，我们希望在一般线性空间中沿用此思路，即寻找一组合适的基，将向量的内积 具象化 。

思政内容
比较分析的科学方法。

思政内容
从抽象到具体的辩证思维过程。

标准正交基定义

定义 ▸▸▸▸▸

由两两正交的单位向量组成的基称为 标准正交基 。

即向量空间 V 的一组基 $\{\boldsymbol{v}_1, \boldsymbol{v}_2, \cdots, \boldsymbol{v}_n\}$ 是标准正交基，当且仅当

$$\langle \boldsymbol{v}_i, \boldsymbol{v}_j \rangle = \begin{cases} 1, i = j \\ 0, i \neq j \end{cases}, \quad i, j = 1, 2, \cdots, n$$

标准正交基的应用

定理

设 $\boldsymbol{\varepsilon}_1, \boldsymbol{\varepsilon}_2, \ldots, \boldsymbol{\varepsilon}_n$ 为 n 维欧氏空间 V 的一组标准正交基，则

① 设 $\boldsymbol{\alpha} = x_1 \boldsymbol{\varepsilon}_1 + x_2 \boldsymbol{\varepsilon}_2 + \cdots + x_n \boldsymbol{\varepsilon}_n \in V$，则由 $\langle \boldsymbol{\alpha}, \boldsymbol{\varepsilon}_i \rangle = x_i$

$\Longrightarrow \boldsymbol{\alpha} = \langle \boldsymbol{\alpha}, \boldsymbol{\varepsilon}_1 \rangle \boldsymbol{\varepsilon}_1 + \langle \boldsymbol{\alpha}, \boldsymbol{\varepsilon}_2 \rangle \boldsymbol{\varepsilon}_2 + \cdots + \langle \boldsymbol{\alpha}, \boldsymbol{\varepsilon}_n \rangle \boldsymbol{\varepsilon}_n$

② $\langle \boldsymbol{\alpha}, \boldsymbol{\beta} \rangle = x_1 y_1 + x_2 y_2 + \cdots + x_n y_n = \sum_{i=1}^{n} x_i y_i$，这里

$\boldsymbol{\alpha} = x_1 \boldsymbol{\varepsilon}_1 + x_2 \boldsymbol{\varepsilon}_2 + \cdots + x_n \boldsymbol{\varepsilon}_n, \quad \boldsymbol{\beta} = y_1 \boldsymbol{\varepsilon}_1 + y_2 \boldsymbol{\varepsilon}_2 + \cdots + y_n \boldsymbol{\varepsilon}_n$

③ $\|\boldsymbol{\alpha}\| = \sqrt{x_1^2 + x_2^2 + \cdots + x_n^2}$

标准正交基的作用

例

设 V 是由 $\frac{1}{\sqrt{2}}$，$\cos 2x$ 生成的 $C[-\pi, \pi]$ 的子空间，且内积为 $\langle f, g \rangle = \frac{1}{\pi} \int_{-\pi}^{\pi} f(x) g(x) \mathrm{d}x$，则 $\frac{1}{\sqrt{2}}$，$\cos 2x$ 为标准正交基，求 $\int_{-\pi}^{\pi} \sin^4 x \, \mathrm{d}x$。

✎ 解答

$$\sin^2 x = \frac{1 - \cos 2x}{2} = \frac{1}{\sqrt{2}} \frac{1}{\sqrt{2}} + \left(-\frac{1}{2}\right) \cos 2x$$

$$\int_{-\pi}^{\pi} \sin^4 x \, \mathrm{d}x = \pi \|\sin^2 x\|^2 = \pi \left(\frac{1}{2} + \frac{1}{4}\right) = \frac{3\pi}{4}$$

⊠ 分析

此题巧妙利用标准正交基这一代数工具计算定积分。

思政内容
从感性认识到理性认识的过程。

思政内容
从认识回到实践、用实践检验理论的真理性。

思政内容
强化创新意识。

案例十九 特征值和特征向量

教学内容　特征值和特征向量

教学意义　特征值和特征向量不仅是数学、物理等基础理论研究中的重要工具，而且在工程、经济、信息等应用领域也有重要的作用，因此我们可以选择合适的应用背景引入特征值和特征向量。基于2020年第七次全国人口普查的背景，本案例选择特征值在人口迁徙中的一个应用。通过此应用激发学生主动了解人口数量、结构、分布等对政策体系、经济发展、生态环境等的影响，让学生树立大局意识和责任意识。同时，选择时事作为应用案例可提升学生对课程学习的兴趣，并有效培养学生的数学建模能力。此外，案例中还融入了数形结合、概念为本的数学思想和分析综合、推理演绎的数学方法。

思政元素　理想抱负；数学建模能力；数学思想；数学方法

设计思路

特征值引入背景

简单介绍我国第七次人口普查的背景、意义和中共中央、国务院印发的《国家新型城镇化规划（2014-2020年）》，然后给出以下案例。

思政内容
了解国家政策，提升学生站位，提高学习兴趣。

假设

一个地区的总人口保持相对固定，其中每年乡村中有14%的人搬到城镇，城镇中有6%的人搬到乡村。如果初始有40%的人生活在城镇，60%的人生活在乡村，那么10年后人口比例会发生什么变化？

14%

6%

60% 乡村 人口占比

城镇 人口占比 40%

解答

设 $x_0 = \begin{pmatrix} 0.4 \\ 0.6 \end{pmatrix}$ 为该地区人口比例的初始状态，则10年后的人口比例为

$x_{10} = A^{10} x_0$，其中 $A = \begin{pmatrix} 0.94 & 0.14 \\ 0.06 & 0.86 \end{pmatrix}$。

因为 A^{10} 计算很复杂，但是，我们发现令 $v_1 = \begin{pmatrix} 7 \\ 3 \end{pmatrix}$，$v_2 = \begin{pmatrix} 1 \\ -1 \end{pmatrix}$，则

$$Av_1 = v_1, \quad Av_2 = 0.8v_2, \quad \text{且 } x_0 = 0.1\,v_1 - 0.3\,v_2。$$

故 $x_{10} = A^{10}(0.1\,v_1 - 0.3\,v_2) = 0.1\,v_1 - 0.3\,(0.8)^{10}v_2。$

因此10年后，该地区城镇和乡村人口比例接近于7:3。

此例当中的两个重要向量满足

$$\boxed{Av = \lambda v} \qquad \boxed{v \neq 0}$$

▶ 思政内容
树立大局意识和责任意识。

引入特征值和特征向量的概念

定义 ▸▸▸▸▸

设 A 是 $n \times n$ 矩阵，如果存在一个复数 $\lambda \in \mathbf{C}$ 以及一非零（复）向量 v，满足 $Av = \lambda v$，则称 λ 是矩阵 A 的一个 特征值，向量 v 称为属于特征值 λ 的一个 特征向量。

▶ 思政内容
注重数学语言的严谨性和培养"善思"的习惯。

思考

① 为何需要向量"非零"的条件？

② 为何特征向量定义中要加"属于特征值 λ"的定语？

▶ 思政内容
注重数学语言的严谨性和培养"善思"的习惯。

例

设 $A = \begin{pmatrix} 2 & 0 \\ 0 & 3 \end{pmatrix}$，验证当 $k \neq 0$ 时，向量 $k\begin{pmatrix} 1 \\ 0 \end{pmatrix}$ 和 $k\begin{pmatrix} 0 \\ 1 \end{pmatrix}$ 分别是特征值2和3的特征向量。

带着问题学

⋮

结论 矩阵 A 的属于特征值 λ_0 的特征向量有无穷多个。

⋮

验证

▶ 思政内容
抽象到具体。

引入特征值和特征向量的几何解释

$$A = \begin{pmatrix} 2 & 0 \\ 0 & 3 \end{pmatrix}$$

$$L(x) = Ax$$

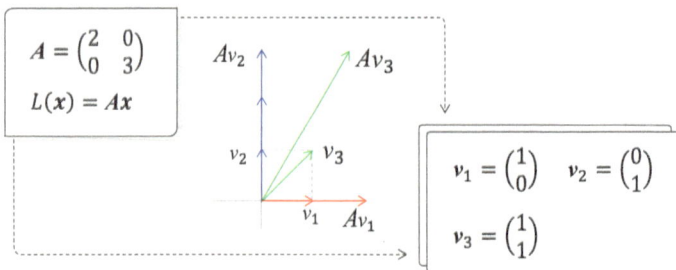

$$v_1 = \begin{pmatrix} 1 \\ 0 \end{pmatrix} \quad v_2 = \begin{pmatrix} 0 \\ 1 \end{pmatrix}$$

$$v_3 = \begin{pmatrix} 1 \\ 1 \end{pmatrix}$$

思政内容
数形结合的数学方法。

📝 特征向量与其线性变换（与矩阵相乘）后的向量共线，伸缩的倍数就是该变换的特征值。

🔖 零向量与任意向量都平行。

特征值的等价刻画和计算

对一般的 n 阶矩阵，很难直接根据定义求得特征值和特征向量，因此，我们要寻求更直接的方法。

📖 从特征值的定义出发，用动画的方式展示思考过程。 概念是根本

$$Av = \lambda v, \ v \neq 0 \ \Rightarrow \ (A - \lambda I)v = 0, \ v \neq 0$$

$$\Rightarrow A - \lambda I \text{不可逆} \Rightarrow \det(A - \lambda I) = 0$$

💬 反向推导是否成立？

思政内容
重视对概念内涵的挖掘。

思政内容
分析综合的数学方法。

得到结论

定理2

设 A 是 $n \times n$ 矩阵，则以下命题等价：

① λ 是 A 的特征值； ② $(A - \lambda I)x = 0$ 有非零解；

③ $A - \lambda I$ 是奇异的； ④ $\det(A - \lambda I) = 0$。

此定理不仅给出了特征值的等价刻画，同时给出了特征值和特征向量的计算方法。即：

思政内容
推理演绎的数学方法。

求 $\det(A - \lambda I)$

↳ 求 $\det(A - \lambda I) = 0$ 的所有根，即特征值

↳ 对每个特征值 λ 求解方程组 $(A - \lambda I)x = 0$

↳ 所有非零解即属于 λ 的特征向量

案例二十 关于特征向量计算的一个故事

教学内容 关于特征向量计算的一个故事

教学意义 对于特殊的一类矩阵(埃米特矩阵),陶哲轩和三位物理学家意外发现一个简洁的公式可以用矩阵及其子矩阵的特征值计算特征向量。虽然不久就被证实,此公式已多次被数学家独立重复发现,但整个过程却非常有趣、值得回味。事实上,同一个公式定理被不同时代、不同国家的数学家重复发现是古而有之,即便是现代,由于信息的膨胀和搜索的问题,当今社会还是存在此类的乌龙。然而,正是此次波澜不仅让我们看到了科学研究的开放包容和交叉合作,更让我们看到了科学家求真务实、精益求精、积极探索的科学精神和实事求是、不拘一格的处事态度。

思政元素 科学精神;科学前沿

设计思路

2019年8月,数学天才、菲尔兹奖获得者陶哲轩收到三位陌生物理学家的电子邮件,他们称在研究中微子时发现用特征值求特征向量的一个公式。

从左起分别是:张西宁,Peter Denton 和Stephen Parke

"To our surprise, he replied in under two hours saying he'd never seen this before," Parke said. Tao's reply also included three independent proofs of the identity.

陶哲轩
Terence Chi-Shen Tao

不到两个小时,陶哲轩回了邮件,并给出了三个独立的证明。

2019年8月10日,他们四人联合在预印本网站arxiv上发表了不到三页的论文。

arXiv.org > math > arXiv:1908.03795

Mathematics > Rings and Algebras

Eigenvectors from Eigenvalues

Peter B. Denton, Stephen J. Parke, Terence Tao, Xining Zhang

(Submitted on 10 Aug 2019)

Terence Tao
2019.8.13

陶哲轩还在8月13日将结论贴在自己的博客中。随后引来了国内外的热议……

有对交叉领域的进一步探讨 ·· ›· ›·

Andrew Krause
2019.8.13 9:21

…… I'm wondering specifically if one can relate the eigenfunctions of a differential operator to spectral properties of that operator. …….

👍 10   👎 0   Rate This

> **Terence Tao**
> 2019.8.13 13:46
>
> …… for instance, if Δ the (positive semi-definite) Laplacian on a smooth compact Riemannian manifold M and $v_i(x)$ is an $L^2(M)$-normalised eigenfunction corresponding to the eigenvalue $\lambda(M)$, …….
>
> 👍 32   👎 4   Rate This

有对结论本身的带入 ·· ›· ›·

Vassilis Papanicolaou
2019.8.18 11:42

The RHS of (1) makes sense for arbitrary matrices, not only for Hernmitian. …….

👍 0   👎 0   Rate This

> **Terence Tao**
> 2019.8.19 9:24
>
> Yes, this seems to indeed be the case; for instance, the Cramer rule based proof looks like it will extend to the non-Hermitian case in the manner indicated.
>
> 👍 6   👎 1   Rate This

有对标题的讨论 ·· ›· ›·

Anonymous
2019.11.13 13:52

why do you say that eigenvectors are determined by eigenvalues? ……

👍 8   👎 1   Rate This

> **Terence Tao**
> 2019.11.13 16:32
>
> The title is indeed an oversimplification ……The second sentence of the abstract is intended to clarify the sense in which we relate eigenvectors and eigenvalues.
>
> 👍 8   👎 2   Rate This

接着，很多学者指出这个公式历史上被多次独立重复发现和命名过。 -----------

Michael Nielsen
2019.11.13 14:24

Incidentally, on Twitter ManjariNarayan just pointed out tome that Lemma 2 seems to appear in

a 2014 paper of van Mieghem:
https://twitter.com/NeuroStats/status/1194741145177223169

👍 8　💬 0　Rate This

Terence Tao
2019.11.13　16:34

Thanks for this link! Yes, this does seem to be the same ……

👍 33　💬 3　Rate This

Carlo Beenakker
2019.11.138　5:07

I may have found a 1993 appearance of this formula,
https://mathoverflow.net/a/346313/11260

👍 5　💬 1　Rate This

Terence Tao
2019.11.18　10:41

Thanks for this! We are in the process of completely rewriting the paper……

👍 23　💬 1　Rate This

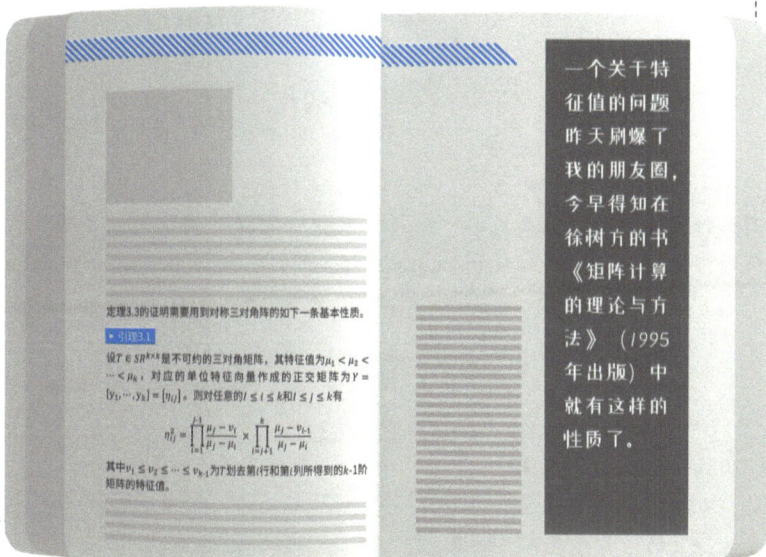

《矩阵计算的理论与方法》 徐树方

一个关于特征值的问题昨天刷爆了我的朋友圈，今早得知在徐树方的书《矩阵计算的理论与方法》（1995年出版）中就有这样的性质了。

定理3.3的证明需要用到对称三对角阵的如下一条基本性质。

▶ 引理3.1

设 $T \in SR^{k \times k}$ 是不可约的三对角矩阵，其特征值为 $\mu_1 < \mu_2 < \cdots < \mu_k$，对应的单位特征向量作成的正交矩阵为 $Y = [y_1, \cdots, y_k] = [\eta_{ij}]$。则对任意的 $1 \leq k$ 和 $1 \leq l \leq k$ 有

$$\eta_{ij}^2 = \prod_{l=1,l\neq i}^{k} \frac{\mu_i - v_l}{\mu_i - \mu_l} \times \prod_{l=1,l\neq i}^{k} \frac{\mu_i - v_{l-1}}{\mu_i - \mu_l}$$

其中 $v_1 \leq v_2 \leq \cdots \leq v_{k-1}$ 为 T 划去第 l 行和第 l 列所得到的 $k-1$ 阶矩阵的特征值。

数学家陶哲轩马上坦然承认过去从来没有看到过这一公式，并详细列出了曾发现过此公式的文献。

Terence Tao
2019.11.13　16:34

The problem is that a single identity will appear in very different equivalent forms in the literature, due to a combination of variation in notation and different ways to algebraically rearrange the identity, and so no single regular expression (or other similar device in modern search engines) can currently capture an equivalence class of a given identity, or even to guess when two identities are close to each other. For instance, the forms of the current identity that I am aware of in the literature are described in radically different ways:

- [Denton-Parke-T.-Zhang 2019]

$$|v_{i,j}|^2 \prod_{k=1;k\neq i}^{n} \left(\lambda_i(A) - \lambda_k(A) \right) = \prod_{k=1}^{n-1} \left(\lambda_i(A) - \lambda_k(M_j) \right)$$

- [Forrester-Zhang 2019]

$$w_j = \frac{\prod_{l=1}^{n-1}(a_j - \lambda_k)}{\prod_{l=1}^{n}(a_j - a_l)}$$

- [van Mieghem 2014]

$$(x_k)_j^2 = -\frac{1}{c'_A(\lambda_k)} \det(A_{\{j\}} - \lambda_k I)$$

- [Cvetkovic-Rowlinson-Simic 2007]

$$x_j^2 = |P_{G\cdot j}(\lambda)|$$

- [Hagos 2002]

$$x_j^2 = \frac{P_{G-j}(\lambda)}{P'_G(\lambda)}$$

- [Baryshnikov 2001]

$$w_i = (-1)^i \frac{\prod_{1\leq j\leq M-1}\left(\lambda_i - \mu_j \right)}{\prod_{1\leq j\leq M; j\neq i}\left(\lambda_i - \lambda_j \right)}$$

- [Mukherjee-Datta 1989]

$$C_{rj}^2 = \frac{P(G - v_r : x_j)}{P'(G : x_j)}$$

- [Thompson-McEnteggert 1968]

$$|u_{i,j}|^2 = \left\{\frac{\lambda_j - \xi_{i1}}{\lambda_j - \lambda_1}\right\} \cdots \left\{\frac{\lambda_j - \xi_{i,j-1}}{\lambda_j - \lambda_{j-1}}\right\} \left\{\frac{\xi_{ij} - \lambda_j}{\lambda_{j+1} - \lambda_j}\right\} \cdots \left\{\frac{\xi_{i,n-1} - \lambda_j}{\lambda_n - \lambda_j}\right\}$$

👍 0   👎 0   Rate This

四位科学家将关于此公式的一些研究整理成近26页的论文，并将论文标题修改为" Eigenvectors from eigenvalues: A survey of a basic identity in linear algebra".

- 2020年3月4日，四位科学家再次将其修改成27页的论文发表。
- 2021年2月22日，又有28页的修改稿。

案例二十一　相似矩阵的定义和性质

教学内容　相似矩阵的定义和性质

教学意义　分类既是一种重要的数学思想和数学逻辑方法，在现实生活中也有着广泛的应用，同时还是我国古代"分而治之"管理理念的体现。此案例充分展示了分类的整个思维过程，即先明确分类的原则，再逐步明确分类目的、对象、标准，然后逐类分析、讨论、综合，最后得到结论并应用。此外，案例中还融入了特殊性和普遍性相互转化的马克思主义哲学思想。因此，通过此案例的教学，让学生树立分类的意识、掌握分类的方法，增强学生思维的缜密性和逻辑性，并提高分析问题、解决问题的能力。(此案例可类似推广到"矩阵合同的概念"等教学内容中)

思政元素　辩证关系；数学方法；科学精神

设计思路：

介绍分类思想

重要性

机器学习
基本问题是分类

垃圾分类
便于有效处理垃圾，保护环境

思政内容
培养分类思想，树立创新意识和环保意识。

目的

归一　分 而 治 之

俞樾
《群经平议·周官二》

原则

有目的分类，不能为分类而分类

不遗漏　不重复　不交叉

回忆　同型矩阵的等价分类

如果B能够由A经过有限次初等变换得到，则称矩阵A与矩阵B是等价的。　》》》　抽象　不具体

思政内容
训练抽象思维。

B等价于$A \Leftrightarrow \text{rank}(A) = \text{rank}(B) \Leftrightarrow$存在可逆矩阵$P$和$Q$，使得$B=PAQ$。　》》》　简洁　可操作　具体

思政内容
学习严谨、简洁、精练的数学语言。

矩阵相似的引入

矩阵的秩、特征值都是矩阵非常重要的属性，矩阵的等价分类保持了矩阵秩的不变，能否给出矩阵的另一种分类来保持矩阵的特征值不变呢？

┩ 思政内容
由简入繁的思考问题的方法。

从2阶矩阵出发，考虑与$D = \begin{pmatrix} \lambda_1 & 0 \\ 0 & \lambda_2 \end{pmatrix}$有相同特征值的矩阵。

根据上节内容，显然D有两个特征值λ_1和λ_2，并且$\begin{pmatrix} 1 \\ 0 \end{pmatrix}$和$\begin{pmatrix} 0 \\ 1 \end{pmatrix}$是分别属于$\lambda_1$和$\lambda_2$的特征向量。设矩阵$A$也有特征值$\lambda_1$和$\lambda_2$，且有非零向量$v_1$和$v_2$，使得$Av_1 = \lambda_1 v_1$，$Av_2 = \lambda_2 v_2$，则有

$$A(v_1, v_2) = (v_1, v_2)\begin{pmatrix} \lambda_1 & 0 \\ 0 & \lambda_2 \end{pmatrix}$$

令$V = (v_1, v_2)$，若V可逆，则有

$$V^{-1}AV = \begin{pmatrix} \lambda_1 & 0 \\ 0 & \lambda_2 \end{pmatrix} = D$$

一般地，若$V^{-1}AV = B$，则有

$$|B - \lambda I| = |V^{-1}AV - \lambda I| = |V^{-1}(A - \lambda I)V| = |A - \lambda I|$$

即A与B有相同特征值，于是，我们引入两个方阵间的这一特殊关系。

— 定义 ▸ ▸ ▸ ▸ ▸

设A和B是$n \times n$矩阵。如果存在一个可逆矩阵X，使得$B = X^{-1}AX$，则称B相似于X，并称矩阵X将A相似变换成B。

相似的应用

应用

设$A = \begin{pmatrix} 1 & 1 & -1 \\ 1 & 1 & 1 \\ 0 & 0 & 0 \end{pmatrix}$，且存在可逆矩阵$X$，使得$X^{-1}AX = D$，

┩ 思政内容
理论与实践相结合的辩证方法。

其中$D = \begin{pmatrix} 0 & 0 & 0 \\ 0 & 2 & 0 \\ 0 & 0 & 2 \end{pmatrix}$，求$\text{rank}(A^{10})$。

题解

Ⓐ 设$A^{10} = XD^{10}X^{-1}$，所以$\text{rank}(A^{10}) = \text{rank}(D^{10}) = 2$。

进一步地，只要矩阵A相似于对角矩阵，那么A的幂的计算复杂度就能得到大幅度的降低。

相似矩阵的性质

性质　设A和B是相似的矩阵，则

① A^{T}与B^{T}，A^k与B^k相似。

② A可逆当且仅当B可逆，且当A可逆时，A^{-1}与B^{-1}，$\mathrm{adj}A$与$\mathrm{adj}B$相似。

思考
若A奇异，是否有$\mathrm{adj}A$与$\mathrm{adj}B$相似？

性质　矩阵相似满足：自反性、对称性、传递性。

不遗漏　不重复　不交叉

因此，相似是一种分类。

思考　相似可以把n阶方阵分成几类？每一类的代表元是什么？

提示　先考虑2阶方阵。

性质　相似矩阵有相同的特征多项式，即有相同的特征值，从而有相同的迹和行列式。

设问1

有相同特征值的两个矩阵是否相似？

观察矩阵等价和矩阵相似两个定义：$B=PAQ$，$B=S^{-1}AS$

性质　相似矩阵有相同的秩，即矩阵相似必定等价。

设问2

有相同秩的两个矩阵是否相似？即矩阵等价是否相似？

- 一般情况，两个矩阵的秩相同是一种特殊性。
- 在等价的矩阵类中，秩相同是普遍性，两个矩阵的特征值相同是一种特殊性。
- 在相似矩阵类中，特征值相同是普遍性。

总结　相似必定等价，但等价不一定相似。

思政内容
学习分类思想、逻辑推理能力和由简入繁的方法。

思政内容
学习逆命题和原命题对比和举反例的数学方法、逻辑推理能力、抽象思维。

思政内容
分析、总结的科学方法。

思政内容
特殊性和普遍性相互转化的辩证关系。

» » 否定之后，进一步问 « « «

设问3

有相同特征值和秩的两个矩阵是否相似？

思政内容
培养积极思考和不断探索的科学精神。

不断提问，不断思考、分析、加深

设问4

① 秩相同的两个方阵是否有相同的特征值？

② 反之，特征值相同的两个方阵是否有相同的秩？

思政内容
训练逆向思维。

在几个设问的教学过程中采用启发式和讨论式的教学模式，从而引导学生掌握构造反例的数学方法。

案例二十二 哈密尔顿—凯莱定理及其应用

教学内容 哈密尔顿—凯莱定理及其应用

教学意义 哈密尔顿—凯莱定理是方阵的重要性质，形式优美且应用广泛。此案例中，一个哈密尔顿—凯莱定理易错证明的分析，训练了学生的批判思维和逻辑思维。同时，通过对矩阵多项式的计算训练，提高了学生降低计算复杂度的能力。

思政元素 批判思维；逻辑思维；计算能力

设计思路

定理引入

回顾练习

设 A 是 $n \times n$ 矩阵，则 $C(A) = \{f(A) \mid f(x) \in \mathbf{R}[x]\}$ 是 $\mathbf{R}^{n \times n}$ 的子空间。

教师提问

若 $A = \begin{pmatrix} 1 & & \\ & -1 & \\ & & -1 \end{pmatrix}$，求 $C(A)$ 的基和维数。

学生快速可以给出该问题的回答。

教师再次提问

若 $A = \begin{pmatrix} 1 & & \\ & 2 & \\ & & 3 \end{pmatrix}$，则 $C(A)$ 的基和维数又该怎么求呢？

此时，学生会发现问题的难度上升。教师引导学生讨论，逐步通过构造得到的 $C(A)$ 基。

教师再次提问

若 $A = \begin{pmatrix} 1 & & \\ & 2 & \\ 1 & 1 & 3 \end{pmatrix}$，或者更高阶的矩阵，上述构造肯定更加繁琐，是否有更简洁，更一般的方法呢？

> **思政内容**
> 提升学生探究能力，并培养学生不断钻研的科学精神。

定理介绍

哈密尔顿—凯莱定理

设 A 为方阵，$f(\lambda) = |\lambda E - A|$ 为 A 的特征多项式，则

$$f(A) = 0 \quad \checkmark$$

给出错误证明,引导学生讨论

证明 $f(A) = |AE - A| = |A - A| = 0$

引导学生讨论

提问 这个证明是否正确?

思政内容
训练批判思维和逻辑思维。

分析证明

证明 $f(A) = |AE - A| = |A - A| = 0$

矩阵 数

提醒

❌ 看似非常合理的证明中存在着巨大的问题!!

⭐ 强调

数学证明的严谨体现在每一"小"步上。

思政内容
树立严谨的数学思维。

回答预设问题

若 $A = \begin{pmatrix} 1 & & \\ & 2 & \\ 1 & 1 & 3 \end{pmatrix}$,则:

$$f(\lambda) = (\lambda - 1)(\lambda - 2)(\lambda - 3) = \lambda^3 - 6\lambda^2 + 11\lambda - 6$$

思政内容
提高知识运用能力。

于是有:

$$A^3 - 6A^2 + 11A - 6I = 0 \quad\Rightarrow\quad 即 A^3 = 6A^2 - 11A + 6I$$

所以当 $A = \begin{pmatrix} 1 & & \\ & 2 & \\ 1 & 1 & 3 \end{pmatrix}$ 时,$C(A)$的基为 I, A, A^2,因此 $\dim C(A) = 3$。

🗨 教师继续提问:这个结果是否可以推广?
⋮
🗨 学生讨论得到:设 A 是 $n \times n$ 矩阵,则 $C(A) = \{f(A) | f(x) \in \mathbf{R}[x]\}$ 的维数不超过 n。

思政内容
提升科研能力。

定理应用

设 $A = \begin{pmatrix} 1 & 0 & 2 \\ 0 & -1 & 1 \\ 0 & 1 & 0 \end{pmatrix}$，求 $2A^8 - 3A^5 + A^4 + A^2 - 4I$。

分析

在实际问题中，往往需要计算大型矩阵的高次幂。如果只用乘法定义展开计算，这个工作量对超级计算机而言都是巨大挑战，因此降低计算复杂度是关键。

事实上，三阶矩阵对应的特征多项式最高次为3次，由哈密尔顿-凯莱定理可知，例题中 A, A^2, A^3 线性相关，即可通过降幂减少计算量。

思政内容
培养学生降低计算复杂度的能力。

解答

A 的特征多项式 $f(\lambda) = |\lambda I - A| = \lambda^3 - 2\lambda + 1$，用 $f(\lambda)$ 除以 $2\lambda^8 - 3\lambda^5 + \lambda^4 + \lambda^2 - 4$，得

$2\lambda^8 - 3\lambda^5 + \lambda^4 + \lambda^2 - 4$
$= f(\lambda)(2\lambda^5 + 4\lambda^3 - 5\lambda^2 + 9\lambda - 14) + (24\lambda^2 - 37\lambda + 10)$

由 $f(A) = 0$

故 $2A^8 - 3A^5 + A^4 + A^2 - 4I$

$= 24A^2 - 37A + 10I$

多项式从"8"次降到"2"次

$= \begin{bmatrix} -3 & 48 & -26 \\ 0 & 95 & -61 \\ 0 & -61 & 34 \end{bmatrix}$

事实上，例题中 A 的任意高次多项式都可通过同样方法降低至2次多项式。

案例二十三 最小二乘法

教学内容 最小二乘法

教学意义 最小二乘法是一种数学优化的方法，在各个领域都有深度应用。此案例通过现代科技的一个实际案例引入最小二乘法，不仅拓宽了学生的知识面，更培养了学生的数学建模能力和知识的运用能力。同时，通过高斯在24岁时用最小二乘法计算谷神星轨道的历史故事提高学生的学习兴趣，并激发学生勇攀科学高峰的斗志。此外，此案例中还融入了数形结合的数学方法和逻辑思维的训练。

思政元素 见识学识；数学建模能力；数学方法；科学精神；逻辑思维

设计思路

引入最小二乘解的定义

>>> 室内定位的需求日益见长，研究发现采用多传感器信息融合的方法可以提高定位准确度。

线性方程组

$$\begin{cases} 3x + y - 3z = 3 \\ x - y + 2z = 4 \\ 2x + 3y - z = 1 \\ x + 6y + 7z = 4 \end{cases}$$

是对5个传感器和目标位置的距离方程逐差得到的。

思政内容

拓展见识学识，培养数学建模能力和知识运用能力。

由于各种误差，这样的方程组通常无解，那么如何求得一个尽可能精确的定位？

设

$$a_1 = \begin{pmatrix} 3 \\ 1 \\ 2 \\ 1 \end{pmatrix}, \quad a_2 = \begin{pmatrix} 1 \\ -1 \\ 3 \\ 6 \end{pmatrix}, \quad a_3 = \begin{pmatrix} -3 \\ 2 \\ -1 \\ 7 \end{pmatrix}, \quad A = (a_1, a_2, a_3),$$

$$x = \begin{pmatrix} x \\ y \\ z \end{pmatrix}, \quad b = \begin{pmatrix} 3 \\ 4 \\ 1 \\ 4 \end{pmatrix},$$

则原线性方程组等价于矩阵方程 $Ax=b$ 。

因为方程无解，即 b 不在 a_1, a_2, a_3 生成的空间 $R(A)$ 中，所以要在 $R(A)$ 中找一与 b 最接近的向量，也就是让 $Ax-b$ 的长度最小。这个解就称为线性方程组的最小二乘解。

定义 ·····

给定一个线性方程组 $Ax=b$，使得 $Ax-b$ 的长度最小的向量 $\hat{x}$ 称为方程组 $Ax=b$ 的 最小二乘解 。

简单介绍最小二乘法历史

特别是24岁的高斯用最小二乘法计算了谷神星的轨道。

思政内容
提高学习的兴趣，激励学生再攀高峰。

分析最小二乘解的计算方法

提出问题 如何求最小二乘解呢？

分析

若 A 是秩为2的 3×2 矩阵，则 A 的列向量生成平面 $R(A)$，根据几何性质，这个最小二乘解就是 b 在该平面 $R(A)$ 上的投影。

思政内容
几何与代数结合的数学方法。

定理

设 A 是秩为 n 的 $m\times n$ 矩阵

线性方程组 $Ax=b$ 的最小二乘解即为 b 在 A 的列空间 $R(A)$ 上的投影。

推论

设 A 是秩为 n 的 $m\times n$ 矩阵

线性方程组 $Ax=b$ 有唯一的最小二乘解 $\left(A^{\mathrm{T}}A\right)^{-1}A^{\mathrm{T}}b$。

问题

① 能否用其他方法来研究最小二乘解？

② 若 A 不是列满秩的，怎么办？

引入广义逆的概念

✍分析

根据推论，我们不妨设该最小二乘解为 Gb，则有

$$\|Ax - b\|^2 = \|Ax - AGb + AGb - b\|^2$$

$$= \|Ax - AGb\|^2 + 2(AGb - b)^{\mathrm{T}}(Ax - AGb) + \|AGb - b\|^2$$

$$\therefore \|Ax - b\|^2 - \|AGb - b\|^2 = \|A(x - Gb)\|^2 + 2(AGb - b)^{\mathrm{T}}(A(x - Gb))$$

思政内容
培养不断探索
的科研精神，
训练逻辑思维。

📊 不断引导学生分析可得

如果 Gb 是最小二乘解

则必有 $(AGb - b)^{\mathrm{T}}(A(x - Gb)) = 0$，$\forall x$

若 G 满足

✅ $AGA = A$　✅ $(AG)^{\mathrm{T}} = AG$

▶▶ 则上式成立。

满足上述条件的 G 称
为 A 的最小二乘逆——
一种广义逆。

事实上，对任意的 b，Gb 是 $Ax=b$
的最小二乘解的充要条件是 G 满足 $AGA = A$，$(AG)^{\mathrm{T}} = AG$。

💡 问题

这样的 G 是否一定存在？

思政内容
培养不断探索
的科学精神。

案例二十四 二次型的矩阵表示

教学内容 二次型的矩阵表示

教学意义 通过二次型的矩阵，将二次齐次的多项式和对称矩阵建立一一对应。不仅可以用矩阵理论研究二次型，同时还可以用多项式方法讨论对称矩阵的性质和分类。由此可见"建立一一对应"是一种重要的数学方法。然后，在否定之否定规律的指导下"反思"定义，否定"对称"的条件，发现"否定对称"是不可行的，从而体现定义的严谨性和科学性。

思政元素 数学方法；认识论；否定之否定

设计思路

二次型的引入

在投资组合模型、机器学习、信号处理中都会出现二次规划问题。
如要求目标函数

$$f(x_1,x_2,x_3)=x_1^2-x_2^2+x_3^2+6x_1x_2-2x_2x_3+2x_1+6x_2$$

在某些约束条件下的极值。

▼

📝 $x_1^2-x_2^2+x_3^2+6x_1x_2-2x_2x_3$ 就是我们要研究的二次型。

> **思政内容**
> 了解应用背景，提升对学习内容的兴趣。

— **定义** ‚‚‚‚ —

设 $a_{ij} \in \mathbf{R}, (i,j=1,2,\cdots,n)$，关于 $x_1,x_2,\cdots,x_n$ 的二次齐次多项式

$$f(x_1,x_2,\cdots,x_n)=a_{11}x_1^2+a_{22}x_2^2+\cdots+a_{nn}x_n^2 \qquad ①$$
$$+2a_{12}x_1x_2+2a_{13}x_1x_3+\cdots+2a_{n-1,n}x_{n-1}x_n$$

称为一个 *n元实二次型*。

[提问] 定义中为什么系数要有2？

约定：当 $i>j$ 时，$a_{ij}=a_{ji}$，由 $x_ix_j=x_jx_i$，式①也可成：

$$f(x_1,x_2,\ldots,x_n)=\sum_{i=1}^{n}\sum_{j=1}^{n}a_{ij}x_ix_j=\sum_{i,j=1}^{n}a_{ij}x_ix_j \qquad ②$$

二次型的矩阵

定义 · · · · ·

设 $f(x_1,x_2,\cdots,x_n)=\displaystyle\sum_{i=1}^{n}\sum_{j=1}^{n}a_{ij}x_ix_j$，其中 $a_{ij}=a_{ji}$，则称矩阵

$$A=\begin{pmatrix} a_{11} & a_{12} & \cdots & a_{1n} \\ a_{21} & a_{22} & \cdots & a_{2n} \\ \cdots & \cdots & \cdots & \cdots \\ a_{n1} & a_{n2} & \cdots & a_{nn} \end{pmatrix}$$ 为二次型 $f(x_1,x_2,\cdots,x_n)$ 的矩阵。

例

· · · · · ·

二次型 $3x_1^2+x_2^2-2x_3^2+4x_1x_2-5x_2x_3$ 的矩阵是 $\begin{pmatrix} 3 & 2 & 0 \\ 2 & 1 & -\frac{5}{2} \\ 0 & -\frac{5}{2} & -2 \end{pmatrix}$。

解析

进一步地计算可知

$$3x_1^2+x_2^2-2x_3^2+4x_1x_2-5x_2x_3=(x_1,x_2,x_3)\begin{pmatrix} 3 & 2 & 0 \\ 2 & 1 & -\frac{5}{2} \\ 0 & -\frac{5}{2} & -2 \end{pmatrix}\begin{pmatrix} x_1 \\ x_2 \\ x_3 \end{pmatrix}$$

· · · · · ·

一般地，我们有

$$f(x_1,x_2,\ldots,x_n)=\sum_{i,j=1}^{n}a_{ij}x_ix_j=\boldsymbol{x}^{\mathrm{T}}A\boldsymbol{x} \quad \blacktriangleleft \text{其中} a_{ij}=a_{ji}$$

性质1 二次型的矩阵总是对称矩阵，即 $A=A^{\mathrm{T}}$。

性质2 二次型与它的矩阵相互唯一确定，即若 $\boldsymbol{x}^{\mathrm{T}}A\boldsymbol{x}=\boldsymbol{x}^{\mathrm{T}}B\boldsymbol{x}$，且 $A=A^{\mathrm{T}}$，$B=B^{\mathrm{T}}$，则 $A=B$。

由此可见，二次齐次多项式和对称矩阵一一对应。

思考

删除对称的条件？即 $\boldsymbol{x}^{\mathrm{T}}A\boldsymbol{x}=\boldsymbol{x}^{\mathrm{T}}B\boldsymbol{x}$，是否有 $A=B$？

练习 求下列二次型的矩阵：

① 实数域 **R** 上的2元二次型 $f(x,y)=ax^2+2bxy+cy^2$。

思政内容
从抽象到具体的认识过程。

思政内容
教学方法。

思政内容
引导学生要善于思考。

② $f(x,y)=(x,y)A\begin{pmatrix} x \\ y \end{pmatrix}$，其中 $A=\begin{pmatrix} 1 & 2 \\ 3 & 4 \end{pmatrix}$。 ★ 重点讲解

二次型的矩阵的深入理解

由练习②可知，二次型 $(x,y)\begin{pmatrix} 1 & 2 \\ 3 & 4 \end{pmatrix}\begin{pmatrix} x \\ y \end{pmatrix}$ 的矩阵为 $\begin{pmatrix} 1 & \frac{5}{2} \\ \frac{5}{2} & 4 \end{pmatrix}$，即

$$(x,y)\begin{pmatrix} 1 & 2 \\ 3 & 4 \end{pmatrix}\begin{pmatrix} x \\ y \end{pmatrix} = (x,y)\begin{pmatrix} 1 & \frac{5}{2} \\ \frac{5}{2} & 4 \end{pmatrix}\begin{pmatrix} x \\ y \end{pmatrix}$$

进一步，我们有 · · ·

$$(x,y)\begin{pmatrix} 1 & 2 \\ 3 & 4 \end{pmatrix}\begin{pmatrix} x \\ y \end{pmatrix} = (x,y)\begin{pmatrix} 1 & 1 \\ 4 & 4 \end{pmatrix}\begin{pmatrix} x \\ y \end{pmatrix} = (x,y)\begin{pmatrix} 1 & \frac{5}{2} \\ \frac{5}{2} & 4 \end{pmatrix}\begin{pmatrix} x \\ y \end{pmatrix}$$

可逆　　不可逆

本质差别

由此，我们给出了之前思考题的否定回答，也就是说：

命题

若 $x^{\mathrm{T}}Ax = x^{\mathrm{T}}Bx$，则 $A=B$。

⊗ 不成立

思政内容

"否定之否定"
的辩证方法。

💡 学生通过对上述命题的思考，发现 A, B 对称的重要性，从而体现二次型矩阵定义的严谨性和科学性。

最后再让学生讨论

为什么只研究目标函数
$f(x_1,x_2,x_3)=x_1{}^2-x_2{}^2+x_3{}^2+6x_1x_2-2x_2x_3+2x_1+6x_2$
的二次齐次部分？

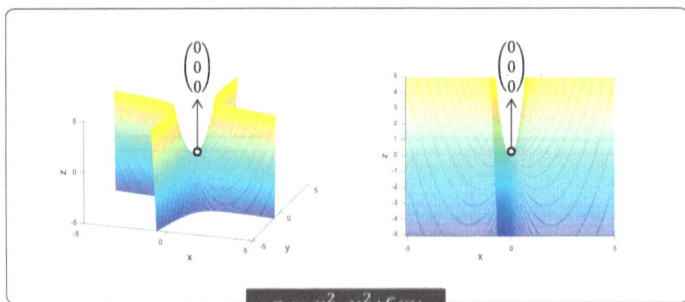

$$z = x^2 - y^2 + 6xy$$

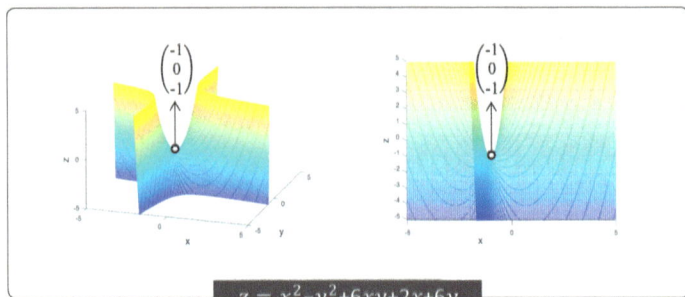

$$z = x^2 - y^2 + 6xy + 2x + 6y$$

📖 分析

从图形中我们可以发现，本例中二次多项式的图像主要由二次项部分确定其形状，一次项只影响其位置。事实上，在解决二次多项式的相关问题时，二次项居于支配地位，起主导作用。

案例二十五 矩阵等价、合同、相似的对比复习

教学内容 矩阵等价、合同、相似的对比复习

教学意义 矩阵的等价、合同、相似三个定义非常类似，在学习过程中学生容易混淆。因此，通过对这三个概念的对比分析，不仅能帮助学生厘清概念，掌握三者之间的联系和区别，也有助于学生对相关知识点的理解和课程脉络的梳理，同时又展示了对比、分析、综合、分类等数学方法和概念判定中从抽象到具体的思维活动方式。此外，在介绍分类思想时，可以根据实际情况融入爱国主义、政治教育、生态环境、时代精神等各种思政元素。

思政元素 数学思维；数学方法；认识论；政治教育

设计思路

介绍分类思想和分类的实际应用举例

举例 >>>

新冠肺炎疫情精准防控的关键是"分级分类"

- ✅ 低风险 外防输入
- ⚠ 中风险 外防输入、内防扩散
- ❌ 高风险 内防扩散、外防输出、严格管控

思政内容
新冠疫情防控。

再如：动植物分类，垃圾分类……

动植物分类　垃圾分类

	等价	合同	相似
引入	求解线性方程组 ↳ 矩阵初等行变换 ↳ 矩阵行等价 ↳ 矩阵等价	化二次型为标准型 ↳ 非退化线性替换 ↳ 矩阵合同	线性变换的矩阵表示 ↳ 基变换 ↳ 矩阵相似
定义	设 A, B 为 $n×m$ 矩阵，若存在可逆矩阵 P 与 Q，使得 $B=PAQ$，则 A 与 B 等价。	设 A, B 为 n 阶方阵，若存在可逆矩阵 C，使得 $B=C^{T}AC$，则称 A 与 B 合同。	设 A, B 为 n 阶方阵，若存在可逆矩阵 C，使得 $B=C^{-1}AC$，则称 A 与 B 相似。

思政内容
对比分析的数学方法。

不变量	▶ 秩，零度	秩、正惯性、对称性、正定性、行列式符号	秩、行列式、迹、特征值、特征多项式、（不变因子、行列式因子、初等因子）	
标准形 (同一类的有相同标准形)	▶ $\begin{pmatrix} I_r & 0 \\ 0 & 0 \end{pmatrix}$	实对称矩阵规范形 $\begin{pmatrix} I_p & & \\ & -I_{r-p} & \\ & & 0 \end{pmatrix}$ 复对称矩阵规范形 $\begin{pmatrix} I_r & 0 \\ 0 & 0 \end{pmatrix}$	复矩阵约当标准形 $\begin{pmatrix} J_1 & & \\ & \ddots & \\ & & J_s \end{pmatrix}$ $J_i = \begin{pmatrix} \lambda_i & 1 & \\ & \ddots & 1 \\ & & \lambda_i \end{pmatrix}$	**思政内容** 逻辑思维、抽象思维。
判定方法	▶ 设A，B为$n×m$矩阵，则下列条件等价： 1.A和B等价； 2.A和B的秩相同； 3.A和B的标准形相同； 4.可经过初等变换把A化成B。	设A，B为n阶实对称矩阵，则下列条件等价： 1.A和B合同； 2.A和B秩相同且二次型x^TAx和x^TBx正惯性指数相同； 3.可经过合同变换把A化成B； 4.二次型x^TAx和x^TBx实规范形相同。	设A，B为n阶矩阵，则下列条件等价： 1.A和B相似； 2.A和B约当标准形相同。	**思政内容** 概念到判定的思维形式。
应用举例	▶ 满秩分解	极值判定	优化算法	
优点	▶ 适用面广	针对性强	分类精细	
关系图	▶ 引导学生寻找反例			**思政内容** 分析综合、比较、举反例的数学方法。 **思政内容** 训练逻辑思维。

案例二十六 线性变换的概念

教学内容 线性变换的概念

教学意义 线性变换是为研究一般线性空间而引入的概念，其抽象度高、逻辑性强，因此在学习和理解上难度都比较大。本案例通过对浙江工业大学校训印章的图像变换引入线性变换的概念，不仅概念变得生动、有意义，激发了学生学习的兴趣，同时融入数形结合的数学方法和"厚德健行"的思政元素。此外，线性变换概念的讲解过程渗透了概念、判定的逻辑思维形式和从具体到抽象再到具体的认知理论。

思政元素 教学方法；价值观；辩证思维；认识论

设计思路

线性变换的引入

>>> 展示我校"厚德健行"的印章
（或者展示一张其他合适的有思政元素的图片）

提问 | 能看清楚吗？（也可选择其他问题）

思政内容
将"厚德健行"的校训根植于学生心中；展现概念的应用背景，激发学习兴趣。

展示放大版的印章

提问 | 能否用数学解释"放大"

为两张图建立坐标系，并对比：

思政内容
数形结合的数学方法。

引导学生去发现：从小图到大图其实是小图每个向量 x

左乘矩阵 $\begin{pmatrix} 2 & 0 \\ 0 & 2 \end{pmatrix}$，得到大图向量 $\begin{pmatrix} x' \\ y' \end{pmatrix}$，即：

$$\begin{pmatrix} x' \\ y' \end{pmatrix} = \begin{pmatrix} 2 & 0 \\ 0 & 2 \end{pmatrix} \begin{pmatrix} x \\ y \end{pmatrix}$$

>>> 再引入旋转变换

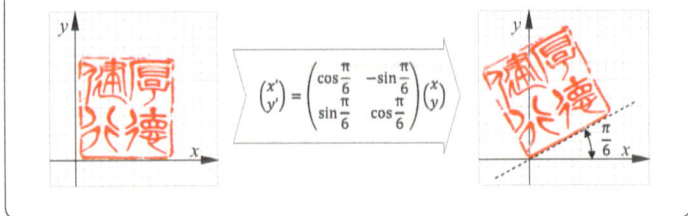

$$\binom{x'}{y'} = \begin{pmatrix} \cos\frac{\pi}{6} & -\sin\frac{\pi}{6} \\ \sin\frac{\pi}{6} & \cos\frac{\pi}{6} \end{pmatrix}\binom{x}{y}$$

✐结论　这两种都是线性变换。

线性变换的概念及例子

定义 ▶▶▶▶▶

设 V 为数域 P 上的线性空间，若映射 $\mathscr{L}: V \to V$ 满足：

① $\mathscr{L}(\boldsymbol{\alpha} + \boldsymbol{\beta}) = \mathscr{L}(\boldsymbol{\alpha}) + \mathscr{L}(\boldsymbol{\beta})$, $\forall \boldsymbol{\alpha}, \boldsymbol{\beta} \in V$

② $\mathscr{L}(k\boldsymbol{\alpha}) = k\mathscr{L}(\boldsymbol{\alpha})$, $\forall \boldsymbol{\alpha} \in V$, $k \in P$

则称 $\mathscr{L}$ 为线性空间 V 上的 线性变换 。

思政内容
归纳演绎、抽象到具体的辩证思维，数形结合、抽象统一的数学方法。

▤ 解释概念，然后给出具体例子并验证。

案例 ①

$V = \mathbf{R}^2$（实数域上二维数组向量空间），把 V 中每一向量绕坐标原点逆时针旋转 θ 角，就是一个线性变换，用 $\mathcal{J}_\theta$ 表示，即

$$\mathcal{J}_\theta: \mathbf{R}^2 \to \mathbf{R}^2, \quad \binom{x}{y} \mapsto \binom{x'}{y'}$$

▸这里，$\binom{x'}{y'} = \begin{pmatrix} \cos\theta & -\sin\theta \\ \sin\theta & \cos\theta \end{pmatrix}\binom{x}{y}$。

案例 ②

$V = \mathbf{R}^3$，$\boldsymbol{\alpha} \in V$ 为一固定非零向量，把 V 中每一个向量 $\boldsymbol{\xi}$ 变成它在 $\boldsymbol{\alpha}$ 上的内射影是 V 上的一个线性变换，用 Π_α 表示，即

$$\Pi_\alpha: \mathbf{R}^3 \to \mathbf{R}^3, \quad \boldsymbol{\xi} \mapsto \frac{\langle\boldsymbol{\alpha}, \boldsymbol{\xi}\rangle}{\langle\boldsymbol{\alpha}, \boldsymbol{\alpha}\rangle}\boldsymbol{\alpha}$$

▸这里 $\langle\boldsymbol{\alpha}, \boldsymbol{\xi}\rangle$, $\langle\boldsymbol{\alpha}, \boldsymbol{\alpha}\rangle$ 表示内积（点积）。

用代数方法解释几何现象

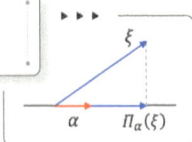

案例 ③

$V = \mathbf{R}[x]$ 或 $\mathbf{R}[x]_n$ 上的求微商是一个线性变换，用 $\mathscr{D}$ 表示，即

$$\mathscr{D}: \quad V \to V, \quad \mathscr{D}(f(x)) = f'(x), \quad \forall f(x) \in V$$

案例 ④

闭区间 $[a,b]$ 上的全体连续函数构成的线性空间 $\mathrm{C}[a,b]$ 上的变换

$$\mathscr{J}: \mathrm{C}[a,b] \to \mathrm{C}[a,b], \quad \mathscr{J}(f(x)) = \int_a^x f(t)\mathrm{d}t$$

是一个线性变换

代数和微积分之间的相互诠释

加深对线性变换概念的理解

性质 设 $\mathscr{L}$ 为 V 的线性变换，则：

$$\mathscr{L}(0) = 0, \quad \mathscr{L}(-\boldsymbol{\alpha}) = -\mathscr{L}(\boldsymbol{\alpha})$$

保零元和负元

📝 练习

下列映射中，哪些是线性变换？

① 在 $\mathbf{R}^3$ 中，$\mathscr{L}(x_1, x_2, x_3) = (2x_1, x_2, x_2 - x_3)$；

② 在 $\mathbf{R}[x]_n$ 中，$\mathscr{L}(p(x)) = p^2(x)$；

③ 在线性空间 V 中，$\mathscr{L}(\boldsymbol{\xi}) = \boldsymbol{\xi} + \boldsymbol{\alpha}$，其中 $\boldsymbol{\alpha}$ 为 V 中给定的非零向量；

④ 在 $\mathbf{R}^{n \times n}$ 中，$\mathscr{L}(X) = AX$，其中 $A \in \mathbf{R}^{n \times n}$ 固定；

⑤ 复数域 C 看成是 $\mathbf{C}$ 上的线性空间，$\mathscr{L}(x) = \bar{x}$；

⑥ 复数域 C 看成是 $\mathbf{R}$ 上的线性空间，$\mathscr{L}(x) = \bar{x}$。

▶ 唯一差别

🖋 引导学生从练习5和6的细微差别中去发现本质区别，一方面深化对线性变换概念的理解，另一方面培养学生观察和分析的学习能力。

▌ 思政内容
体现概念、判断的逻辑思维形式，培养观察和分析的学习能力。

案例二十七 线性方程组的等价表示

教学内容 线性方程组的等价表示

教学意义 对线性方程组从不同视角观测、不同角度理解，加上不断探索就产生了相互联系的各种理论体系。此案例完美诠释了"横看成岭侧成峰，远近高低各不同"的哲理，即由于立场、观点和方法等因素的影响，人们对同一事物会得出不同的结论，产生不同的意义。同时让学生认识到只有跳出原来"身在此山中"的主客观限制，才能有所开拓创新。

思政元素 科学方法；创新意识

设计思路

给出一个简单的线性方程

▷ 提问

能叙述一下你对"横看成岭侧成峰，远近高低各不同"的理解吗？

下面我们通过对线性方程组的理解来诠释这一诗句。

$$\begin{cases} x_1 + 3x_2 + 2x_3 = 6 \\ 3x_1 - 2x_2 + 4x_3 = 5 \end{cases}$$

▶从以下不同角度观测和理解该线性方程组，并用不同方法和理论解决问题。

> **思政内容**
> 中国文化、激发兴趣。

通常几何理解 **"横"看：两个平面的交**

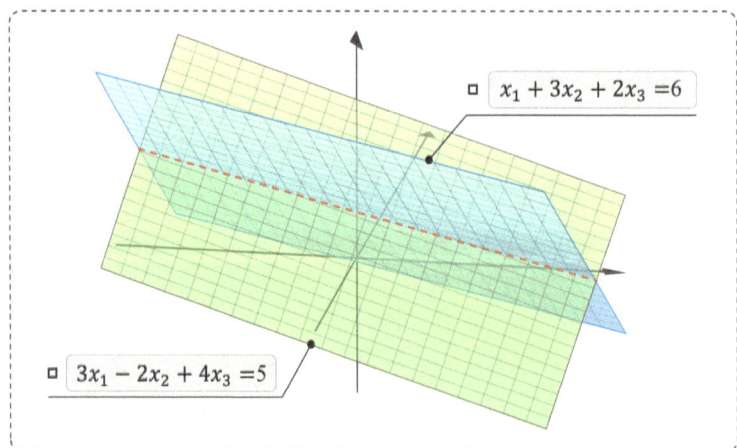

□ $x_1 + 3x_2 + 2x_3 = 6$

□ $3x_1 - 2x_2 + 4x_3 = 5$

> **思政内容**
> 数形结合的数学方法。

☞ 引导学生从几何角度发现该方程组有无穷多解的原因是两个不同平面如果相交，必交于一条线。

矩阵形式

$$\begin{cases} x_1 + 3x_2 + 2x_3 = 6 \\ 3x_1 - 2x_2 + 4x_3 = 5 \end{cases} \Rightarrow \begin{bmatrix} 1 & 3 & 2 & 6 \\ 3 & -2 & 4 & 5 \end{bmatrix}$$

» 引导学生发现线性方程组有无穷多解时行阶梯形的特征。

矩阵概念
矩阵的初等变换
矩阵的秩
矩阵的逆

$$\begin{pmatrix} 1 & 3 & 2 \\ 3 & -2 & 4 \end{pmatrix} \begin{pmatrix} x_1 \\ x_2 \\ x_3 \end{pmatrix} = \begin{pmatrix} 6 \\ 5 \end{pmatrix} \xrightarrow{推广} 矩阵方程$$

另一种几何理解 "竖"看：向量的线性组合

$$x_1 \begin{pmatrix} 1 \\ 3 \end{pmatrix} + x_2 \begin{pmatrix} 3 \\ -2 \end{pmatrix} + x_3 \begin{pmatrix} 2 \\ 4 \end{pmatrix} = \begin{pmatrix} 6 \\ 5 \end{pmatrix} \quad ①$$

◀ **思政内容**
数形结合的数学方法。

结合图形，我们有 ▶▶▶

$$1 \cdot \begin{pmatrix} 1 \\ 3 \end{pmatrix} + 1 \cdot \begin{pmatrix} 3 \\ -2 \end{pmatrix} + 1 \cdot \begin{pmatrix} 2 \\ 4 \end{pmatrix} = \begin{pmatrix} 6 \\ 5 \end{pmatrix} \quad ②$$

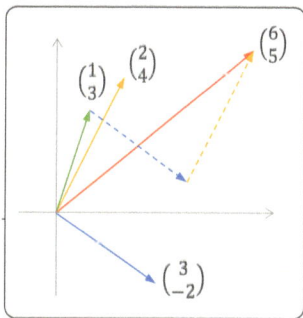

对比①与②，即有 $x_1 = 1$，$x_2 = 1$，$x_3 = 1$ 为线性方程组的一个解。

线性组合　线性表出　线性相关
线性无关　向量空间

引导学生从几何角度观察，发现该线性方程组有无穷多解的原因是向量 $\begin{pmatrix} 1 \\ 3 \end{pmatrix}$，$\begin{pmatrix} 3 \\ -2 \end{pmatrix}$，$\begin{pmatrix} 2 \\ 4 \end{pmatrix}$ 中存在某个向量可以由剩余向量线性表出。

引导学生探索在不同空间下两种不同几何解释所产生的同一数学结论（该方程组有无穷多解）背后的本质，为后续学习设置悬念。

◀ **思政内容**
激发学习兴趣。

从映射角度

在矩阵形式 $Ax=b$ 的基础上，线性方程组可看作为一线性映射。

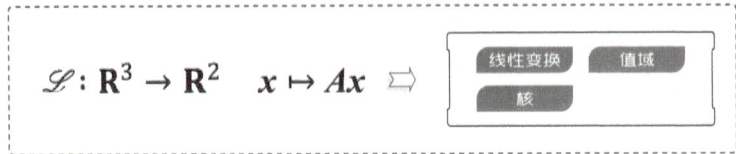

$$\mathscr{L}: \mathbf{R}^3 \to \mathbf{R}^2 \quad x \mapsto Ax \implies$$

线性变换　值域　核

于是，线性方程组有解表示向量 b 为映射 $\mathscr{L}$ 的像。

从内积角度

考虑该线性方程组所诱导的齐次线性方程组

$$\begin{cases} x_1 + 3x_2 + 2x_3 = 0 \\ 3x_1 - 2x_2 + 4x_3 = 0 \end{cases}$$

令

$$x = \begin{pmatrix} x_1 \\ x_2 \\ x_3 \end{pmatrix}, \; a_1 = \begin{pmatrix} 1 \\ 3 \\ 2 \end{pmatrix}, \; a_2 = \begin{pmatrix} 3 \\ -2 \\ 4 \end{pmatrix},$$

则从内积的角度，齐次线性方程组等价为

$$\begin{cases} \langle x, a_1 \rangle = 0 \\ \langle x, a_2 \rangle = 0 \end{cases} \implies$$

内积　正交子空间　夹角

即齐次线性方程组解的全体即为与 a_1, a_2 正交的子空间。

此角度的理解还给出了正交子空间的计算方法。

综合总结

	▌等价表示	▌有解的解释	▌引出的理论
线性方程组	$\begin{aligned} a_{11}x_1 + a_{12}x_2 + \cdots + a_{1n}x_n &= b_1 \\ a_{21}x_1 + a_{22}x_2 + \cdots + a_{2n}x_n &= b_2 \\ \cdots \quad \cdots \quad \cdots \quad \cdots \\ a_{m1}x_1 + a_{m2}x_2 + \cdots + a_{mn}x_n &= b_m \end{aligned}$	满足每个方程	消元法

▌**思政内容**

分析综合，从具体到抽象的数学方法。

增广矩阵 $\begin{bmatrix} a_{11} & a_{12} & \cdots & a_{1n} & b_1 \\ a_{21} & a_{22} & \cdots & a_{2n} & b_2 \\ \cdots & \cdots & \cdots & \cdots & \cdots \\ a_{m1} & a_{m2} & \cdots & a_{mn} & b_n \end{bmatrix}$　　首元不出现在最后一列

矩阵理论
- 矩阵的概念
- 行阶梯形
- 矩阵初等变换
- 矩阵的秩
- 矩阵（广义）逆

矩阵方程 $\begin{bmatrix} a_{11} & a_{12} & \cdots & a_{1n} \\ a_{21} & a_{22} & \cdots & a_{2n} \\ \cdots & \cdots & \cdots & \cdots \\ a_{m1} & a_{m2} & \cdots & a_{mn} \end{bmatrix} \begin{bmatrix} x_1 \\ x_2 \\ \cdots \\ x_n \end{bmatrix} = \begin{bmatrix} b_1 \\ b_2 \\ \cdots \\ b_n \end{bmatrix}$　　满足一个矩阵方程

线性组合 $x_1 \boldsymbol{a}_1 + x_2 \boldsymbol{a}_2 + \cdots + x_n \boldsymbol{a}_n = \boldsymbol{b}$　　$\boldsymbol{b}$ 可由 $\boldsymbol{a}_1, \cdots, \boldsymbol{a}_n$ 线性表出

向量空间理论
- 线性相关
- 线性无关

线性映射 $\mathscr{S}: \mathbf{R}^n \rightarrow \mathbf{R}^m$　　$\boldsymbol{b}$ 属于 $\mathscr{S}$ 的值域

- 线性变换理论

此外，齐次线性方程组

$$\begin{cases} a_{11}x_1 + a_{12}x_2 + \cdots + a_{1n}x_n = 0 \\ a_{21}x_1 + a_{22}x_2 + \cdots + a_{2n}x_n = 0 \\ \cdots \quad \cdots \quad \cdots \quad \cdots \quad \cdots \\ a_{m1}x_1 + a_{m2}x_2 + \cdots + a_{mn}x_n = 0 \end{cases} \iff \boldsymbol{x} \in S^\perp$$

ℹ 其中 $\boldsymbol{x} = \begin{pmatrix} x_1 \\ \vdots \\ x_n \end{pmatrix}$, $S = \mathrm{span}\left\{ \begin{pmatrix} a_{11} \\ \vdots \\ a_{1n} \end{pmatrix}, \cdots, \begin{pmatrix} a_{m1} \\ \vdots \\ a_{mn} \end{pmatrix} \right\}$

内积空间理论
- 内积
- 夹角
- 正交子空间

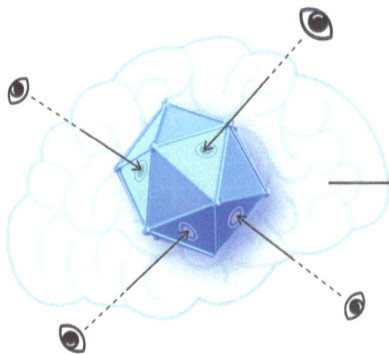

创新的一种方法就是从 不同角度思考 。

◀ **思政内容**
创新思维。

☞ 提出问题
还能从其他不同角度理解线性方程组吗？

案例二十八　可逆矩阵的等价刻画

教学内容　可逆矩阵的等价刻画

教学意义　线性代数各章节的内容不是以螺旋递进的方式出现，而是相对并列、相对独立。此案例是在课程复习阶段，通过可逆矩阵，将各个章节的知识点联系在一起，帮助学生厘清概念，寻找各章节之间的内在联系，反映事物之间存在普遍联系的哲学思想。在可逆矩阵等价刻画中，学生比较容易想到的是行列式非零、线性方程组有唯一解、满秩等充要条件，通过讨论式开展，此案例可以培养学生不断探索、不断思考的科学精神。此外，此案例还引导学生考虑将方阵上的联系图向非方阵延伸——这是一种从特殊到一般的创新方法，也能有效培养学生的质疑精神。

思政元素　联系的普遍性；科学精神；特殊到一般

设计思路

综合

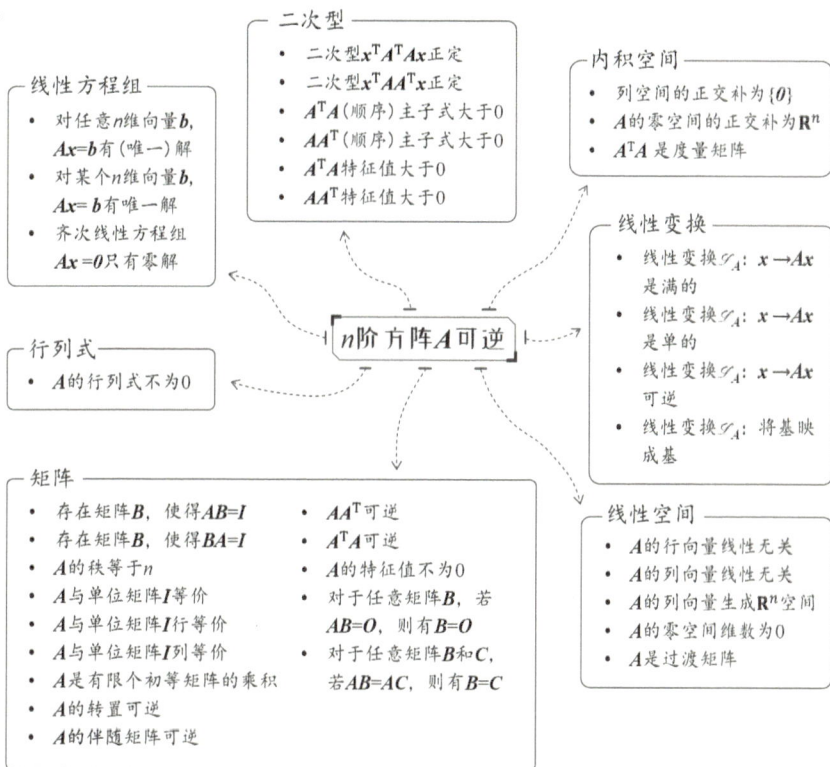

二次型
- 二次型 $x^T A^T A x$ 正定
- 二次型 $x^T A A^T x$ 正定
- $A^T A$(顺序)主子式大于0
- $A A^T$(顺序)主子式大于0
- $A^T A$ 特征值大于0
- $A A^T$ 特征值大于0

内积空间
- 列空间的正交补为 {0}
- A 的零空间的正交补为 R^n
- $A^T A$ 是度量矩阵

线性方程组
- 对任意 n 维向量 b，$Ax=b$ 有(唯一)解
- 对某个 n 维向量 b，$Ax=b$ 有唯一解
- 齐次线性方程组 $Ax=0$ 只有零解

线性变换
- 线性变换 $\mathscr{A}$: $x \to Ax$ 是满的
- 线性变换 $\mathscr{A}$: $x \to Ax$ 是单的
- 线性变换 $\mathscr{A}$: $x \to Ax$ 可逆
- 线性变换 $\mathscr{A}$: 将基映成基

n 阶方阵 A 可逆

行列式
- A 的行列式不为0

矩阵
- 存在矩阵 B，使得 $AB=I$
- 存在矩阵 B，使得 $BA=I$
- A 的秩等于 n
- A 与单位矩阵 I 等价
- A 与单位矩阵 I 行等价
- A 与单位矩阵 I 列等价
- A 是有限个初等矩阵的乘积
- A 的转置可逆
- A 的伴随矩阵可逆
- AA^T 可逆
- $A^T A$ 可逆
- A 的特征值不为0
- 对于任意矩阵 B，若 $AB=O$，则有 $B=O$
- 对于任意矩阵 B 和 C，若 $AB=AC$，则有 $B=C$

线性空间
- A 的行向量线性无关
- A 的列向量线性无关
- A 的列向量生成 R^n 空间
- A 的零空间维数为0
- A 是过渡矩阵

探讨

>> 提问 若 A 是 $m \times n$ 矩阵，则如何建立类似的联系图？

此问题的研究中继续引导学生先考虑矩阵秩为 n 或 m 的特殊情况，再考虑一般情况。

由于矩阵不再是方阵，因此与行列式的联系容易被忽视，可以通过设疑、讨论、解惑的过程培养学生的质疑精神，引导学生要善于独立思考。

拓展

引入广义逆。